U0387617

# 设计师的AI利器
## ——Adobe Firefly

郭晓勇 | 主编

清华大学出版社
北京

# 内容简介

本书紧跟当前 AI 人工智能的潮流，深入剖析 Adobe Firefly 的功能，从以文成图开始，涵盖图像处理与美化，再到 Express 的扩展讲解，旨在向读者介绍 Adobe Firefly 的实用操作方法和技巧。在本书的阐述中，特别注重以文成图这一核心功能的讲解，使读者能够深切体验 Adobe Firefly 强大模型库所带来的无尽魅力。此外，本书还列举了一系列具有代表性的案例，力求在有限的篇幅内全面、深入地传授给读者更多的实践经验。

Adobe Firefly 以其简单易用的功能分区和精美的页面设计脱颖而出，无论是在操作的便捷性还是在内容生成效果上，读者在学习的同时，都能时刻感受到其独特的魅力。相较于传统复杂的应用软件，Adobe Firefly 通过简单的操作即可快速上手，让用户能够随心所欲地进行创作。

本书除纸质内容之外，还随书附赠了全书案例的同步教学视频、源文件、素材和 PPT 课件，读者可扫描书中的二维码及封底的"文泉云盘"二维码，在线观看教学视频并下载学习资料。

本书不仅适合平面设计爱好者、平面设计师以及相关从业人员阅读，还可作为社会培训机构、大中专院校相关专业的教学参考用书或上机实践指导用书。

图书在版编目（CIP）数据

设计师的 AI 利器：Adobe Firefly / 郭晓勇主编 .
北京 ：清华大学出版社，2024. 8. -- ISBN 978-7-302 -66996-8

Ⅰ. TP391. 413

中国国家版本馆CIP数据核字第2024N7F160号

责任编辑：贾旭龙
封面设计：秦　丽
版式设计：文森时代
责任校对：马军令
责任印制：杨　艳

出版发行：清华大学出版社
网　　　址：https://www.tup.com.cn，https://www.wqxuetang.com
地　　　址：北京清华大学学研大厦A座　　　　　　邮　　编：100084
社 总 机：010-83470000　　　　　　　　　　　邮　　购：010-62786544
投稿与读者服务：010-62776969，c-service@tup.tsinghua.edu.cn
质 量 反 馈：010-62772015，zhiliang@tup.tsinghua.edu.cn
印 装 者：小森印刷（北京）有限公司
经　　销：全国新华书店
开　　本：185mm×260mm　　　印　张：16.75　　　字　数：268千字
版　　次：2024年9月第1版　　　　　　　　　　　印　次：2024年9月第1次印刷
定　　价：89.80元

产品编号：107428-01

在当前的 AI 创作时代，智能化的文字、图形、图像生成软件及应用如雨后春笋般涌现。这些软件和应用都拥有各自的模型库，能够根据用户输入的关键词生成相应的效果，其底层逻辑大体相似。本书聚焦于 Adobe Firefly 这一应用，依托 Adobe 多年积累的软件开发经验和其庞大的 Adobe Stock 素材库，无论是进行以文成图还是艺术字创作，都能让用户感到得心应手。

本书的编写紧密围绕 Firefly 的核心功能。每个章节都精选了最具代表性的关键词和图像素材，通过深入浅出的方式呈现给读者。全书共分以下 7 章，旨在为读者提供全面而详尽的 Firefly 使用方法。

★　Firefly 基础知识

★　以文成图打造精美图像

★　图像处理与美化

★　Firefly 扩展——Express 艺术字制作

★　Firefly 扩展——Express 照片处理操作

★　Firefly 扩展——Express 文档及模板生成

★　Firefly 在 Photoshop AI 中的特效应用

从传统的软件创建演变到如今的智能图形图像创建，创作形式正在飞速发展，并逐渐获得越来越多用户的认可。希望读者在本书中能够领略到这种全新的图形图像创建思路，感受其带来的无限可能。

本书主要有以下特点。

1. 海量实例精选。本书以 Firefly 的功能为分类，涵盖了从以文成图到图像处理与美化，再到 Express 的扩展应用等多个方面。每一个实例都是编者精心打磨而成，旨在为读者提供丰富的学习素材和实践经验。

2．案例实用性强。本书所讲解的每一个案例都由具有多年图形图像创作经验的行业大师亲自操刀，案例均经过严格筛选和考验，确保具有实际应用价值。

3．专家审读解读。本书在编写过程中得到了多名专家的辅助。他们根据 Firefly 这一全新创作应用的特点，对案例进行深度剖析，以帮助读者更好地理解和掌握其中的关键技术和创作思路。

4．视频教学辅助。本书的每一个实例都配有对应的高清视频教学。读者在阅读纸质书的同时，可以观看教学视频进行学习，以达到事半功倍的效果。

本书由郭晓勇主编，同时参与编写的还有王红卫、崔鹏、王红启、石珍珍等，在此感谢所有创作人员对本书付出的艰辛。在创作的过程中，由于时间仓促，疏漏和不足之处在所难免，希望广大读者批评指正。如果在学习过程中发现问题，或有更好的建议，可扫描封底的"文泉云盘"二维码获取作者的联系方式，与我们交流、沟通。

编　者
2024 年 5 月

目录

CONTENTS

## 第 3 章
## 图像处理与美化 095

## 第 7 章
# Firefly 在 Photoshop AI 中的特效应用 ......... 229

# 第 1 章

# Firefly 基础知识

本章介绍

本章讲解 Adobe Firefly 基础知识。想要利用 Adobe Firefly 进行创作，首先需要对其有所了解，明白它的创作原理以及相应的注意事项。本章包含 Firefly 是什么、Firefly 的功能、Firefly 的背后海量资源、Firefly 中的"内容凭据"、在图像中添加或移除对象、常见问题解答以及技术要求等内容。通过对这些内容的学习，读者将能够掌握有关 Firefly 的基础知识。

索引

★  认识 Firefly

★  了解 Firefly 的功能

★  认识 Firefly 的图像处理逻辑

★  了解 Firefly 的背后海量资源

★  了解 Firefly 的特点

★  认识 Firefly Web 应用程序

★  了解 Firefly 中的"内容凭据"

★  学习使用文本提示创作图像

★  学会在图像中添加或移除对象

## 1.1　Firefly 是什么

Adobe Firefly 是一款独立的 Web 应用程序，可通过网站 firefly.adobe.com 访问。Firefly 提供了构思、创作和交流的新方法，同时使用生成式 AI 显著改进了创意工作流程，并且使用它创作的作品是安全的，可放心用于商业用途。除了 Firefly Web 应用程序之外，Adobe 还拥有更广泛的 Firefly 系列创意生成式 AI 模型，此外，Adobe 旗舰应用程序和 Adobe Stock 中还有由 Firefly 提供支持的各种功能。Firefly 是 Adobe 在过去 40 年中所开发技术的自然延伸，其背后的驱动理念是，人们应该有能力将自己的创意想法准确地转变为现实。Adobe Firefly Web 应用程序主页如图 1.1 所示。

图 1.1　Adobe Firefly Web 应用程序主页

## 1.2　Firefly 的功能

Firefly 是一个基于文本的图像生成和编辑模型，它可以根据用户输入的文字描述，快速而精准地生成高质量的图像内容，并且可以与 Adobe 旗下的各种创意软件无缝集成，为用户提供无限的创作可能。使用 Firefly 不仅可以生成静态的图像，还可以生成动态的视频和音频。用户只需要输入一些简单的文字指令，就可以改变视频中的场景、氛围、天气等，如"把这个场景变成冬天""给这个视频加上雨声""让这个人物穿上红色的衣服"等。接收指令后，Firefly 会立即根据用户的要求，对视频进行智能化的编辑和渲染。Firefly 还可以生成矢量图形、插画、艺术作品和平面设计，用户只需输入一些关键词或者草图，就可以让 Firefly 生成各种风格和主题的素材，如"生成一个近未来风格的鹦鹉""用这个手写字体做一个海报""给这个画面添加一些纹理和效果"等。Firefly 会根据用户提供的信息，自动创建独特而美观的作品。Firefly 甚至可以生成 3D 模型和场景，用户只需输入一些描述性的文字或者上传一些参考图片，就可以让 Firefly 生成逼真而细致的 3D 对象和环境，如"用这个时钟做一个 3D 模型""把我的耳机放在一个户外背包上""创建一个水下城市的场景"等，Firefly 会根据用户指定的参数和细节，快速而精确地构建出 3D 空间。

## 1.3 Firefly 的图像处理逻辑

Firefly 是基于深度学习和神经网络的技术，它可以从大量的数据中学习和提取特征和规律，然后根据这些知识来生成新的内容。Firefly 使用了一种叫作"变分自编码器（VAE）"的模型，它可以将输入的数据编码成一个低维度的隐向量，然后从这个隐向量解码出一个与输入相似但不完全相同的输出。这样，Firefly 就可以在保持输入数据的基本结构和语义的同时，创造一些新颖而有趣的变化。Firefly 还使用了一种叫作"生成对抗网络（GAN）"的模型，它可以让两个神经网络互相竞争和协作，从而提高生成内容的质量和真实性。GAN 由一个生成器和一个判别器组成，生成器负责根据输入或随机噪声生成新的内容，判别器负责判断生成内容是否真实或符合要求。通过不断地训练和反馈，生成器可以逐渐提高自己的生成能力，判别器可以逐渐提高自己的判断能力。最终，Firefly 可以生成一些符合要求、令人惊叹的内容。

## 1.4 Firefly 的背后海量资源

Firefly 不仅使用了先进的 AI 技术，还使用了 Adobe 独有的优势和资源。Firefly 是基于 Adobe Stock6 进行训练的，Adobe Stock 是 Adobe 旗下提供数亿张高品质图像的素材库。通过使用 Adobe Stock 作为训练数据源，Firefly 可以保证生成内容不会侵犯他人或组织的知识产权或隐私权利，并且可以保证生成内容符合专业标准和市场需求。Firefly 还与 Adobe Creative Cloud6 无缝集成，Adobe Creative Cloud 是 Adobe 旗下提供各种创意软件和服务的平台。通过与 Creative Cloud 集成，Firefly 可以让用户在自己熟悉和喜爱的软件中轻松地使用生成式 AI 功能，并且可以利用 Creative Cloud 提供的各种工具和功能对生成内容进行进一步地编辑和优化。用户还可以通过 Creative Cloud 与其他用户进行协作和分享，并且可以利用 Creative Cloud 提供的各种分析和反馈功能评估和改进自己的创作效果。

## 1.5 Firefly 的特点

Firefly 具有 3 个显著特点，具体如下。

（1）可以对 Firefly 输出的内容进行分层和精细化修改，与 stable diffusion、midjourney 等 AI 绘画工具相比，这一特点具有巨大的突破意义。

（2）Firefly 将被引入视频、音频、动画和动态图形设计应用程序中，也就是与 Adobe 旗下其他产品深度绑定，如 PS、AE 等。

（3）Firefly 还承诺未来能够自动将导演脚本转化为故事板和可视化的动画，直接从草图生成动画效果。

## 1.6 Firefly Web 应用程序

使用 Firefly Web 应用程序可以轻松地将自己的想法转变为现实，从而节省大量时间，具体表现如下。

### 1. 文字生成图像

描述要创作的图像，从现实图像（如肖像和风景）到更具创意的图像（如抽象艺术和奇幻插图）都可以生成。文字生成图像的效果如图 1.2 所示。

### 2. 文字效果

创作引人注目的文字效果，可以突出显示信息，并为社交媒体中的帖子、传单、海报等材料添加视觉趣味性。文字效果如图 1.3 所示。

### 3. 生成式填充

通过简单的文本提示进行描述，可移除图像的一部分，也可向图像添加其他内容，或替换为所生成的内容。生成式填充的效果如图 1.4 所示。

图 1.2　文字生成图像的效果　　　　　　　　图 1.3　文字效果

### 4. 生成式重新着色

通过日常语言描述，使用 Adobe Illustrator 向矢量图像应用主题和颜色变体，以测试和试验多种不同的组合。生成式重新着色的效果如图 1.5 所示。

图 1.4　生成式填充的效果　　　　　　　　图 1.5　生成式重新着色的效果

## 1.7　生成式积分

生成式积分允许用户在有权使用的应用程序中使用由 Firefly 提供支持的生成式 AI 功能。生成式积分的扣减取决于所生成输出的计算成本和所使用生成式 AI 功能的价值。

### 1. 扣减生成式积分的情况

扣减生成式积分有以下情况。

● 　在生成式填充中选择更多。

● 　在文本生成图像中选择加载更多或刷新。

## 2. 不扣减生成式积分的情况

不扣减生成式积分有以下情况。

● 使用在使用率表中定义为"0"的生成式 AI 功能。

● 选择 Firefly 社区中的查看，因为打开照片不是新生成内容。不过，如果选择
  刷新就会从生成式积分中扣减积分。

## 1.8 Firefly 中的"内容凭据"

　　"内容凭据"是一种新的防篡改元数据，可在导出或下载资源时将其应用于用户
的资源。如果资源应用了内容凭据，可以使这些资源的来源和历史记录更加透明。有
时用户可以启用内容凭据并将其应用于自己的资源，内容凭据示意如图 1.6 所示。

图 1.6　内容凭据

## 1. 内容凭据包含哪些信息

自动应用于使用Firefly功能生成的资源的内容凭据中始终包含以下非个人身份信息。

● 输出缩略图：输出的可视缩略图，仅适用于使用 Firefly Web 应用程序中的"文
  本转图像"功能生成的图像。

● 发行商：Adobe Inc，即负责颁发内容凭据的组织。

● 内容摘要：请注意，Adobe 生成式 AI 已用于创建资源。

● 使用的应用程序或设备：用于制作资源的 Adobe 软件应用程序或硬件设备。

- 使用的 AI 工具：使用的 Adobe 生成式 AI 工具。
- 操作：为制作资源而采取的常规编辑和处理操作。对于使用 Firefly 功能生成的资源，将仅列出"已创建"或"其他编辑"操作。

### 2. 内容凭据不包含哪些信息

对于通过 Firefly 功能生成的资源，如果未启用内容凭据，或者在给定的产品或服务中没有启用或禁用内容凭据对应的选项，则自动应用的内容凭据中将不包含以下信息。

- 输出缩略图：输出的可视缩略图（如果此输出不是使用 Firefly Web 应用程序中的"文本转图像"功能生成的）。
- 组成部分：用于生成最终资源的其他资源的缩略图预览。
- 与已有内容凭据的连接：与用户的资源或其组成部分关联的任何已有内容凭据的连接。

### 3. 内容凭据存储在哪里

为使用 Firefly 功能生成的资源应用的内容凭据已附加到其各自的文件中，并可能发布到 Adobe 的公共"内容凭据"云。将内容凭据的副本存储在 Adobe 的内容凭据云中可使它们持久存在并可通过验证恢复。"验证"是 Adobe 提供的一项服务，通过该服务，可查看与选定资源（如果存在）关联的内容凭据。验证和内容凭据云是内容凭据的检查和恢复工具，而不是图库或搜索服务。

## 1.9 编写有效提示

提示是指向 AI 发出指令以执行某项任务或生成输出内容。提示在指导 AI 行为、影响其响应质量和相关性方面起着关键作用。写出恰当的描述性的提示，可以生成非凡且生动的图像。那么如何才能写出恰当的提示呢？

### 1. 尽量具体明确

在提示中至少使用 3 个词语，并避免使用"生成"或"创建"等字眼。要坚持使用简明直接的语句，包括主体、描述词和关键词，较好的描述词如下。

- 一只毛茸茸的猫坐在窗台上望着外面的城市风光。
- 奇幻外星景观中的三个连成一串的倒置瀑布。
- 时光旅行者杂乱无章的工作室，里面摆满了未来感的小玩意和历史文物。

## 2. 要写出清晰的描述

描述得越详细，就越有机会获得无限的可能性。让想象力自由发挥，看看能想出什么，比如以下描述。

- 长发飘飘的蓝眼睛女士，穿着白色连衣裙，周围满是花海，画面逼真。
- 热带岛屿天堂，纯净的蓝绿色海水，茂盛的绿色植物，逼真。
- 蒸汽朋克潜水艇在水下航行，经过发光的海洋生物。

## 3. 坚持原创

使用自然语言描述希望实现的效果，包括感觉、风格、光线等，让 Firefly 创作独特的效果，比如下列描述形式。

- 日落时分的宁静海滩，波浪平缓，棕榈树。
- 遥远的星系充满色彩缤纷的星云和闪烁的星星。
- 时髦的深红色高跟鞋，采用半透明材料制作，充满未来感的设计，具有复杂的金属细节。

## 4. 富有同理心

将同理心带入作品中，从而穿过层层干扰，直击目标受众，想想对他们来说什么比较重要。使用"爱心""轻柔"和"俏皮"等词语来生成温馨的图像，或使用"有力""强大""令人振奋"等词语生成鼓舞人心的图像，比如下列描述形式。

- 一个孤独的男士站在荒凉的悬崖边，俯瞰着广阔而贫瘠的土地，低保真。
- 孩子与年迈的祖父母真诚交谈的时刻，爱，智慧。
- 一个欢乐的嘉年华，到处都是五彩缤纷的气球，活跃的表演者，彩虹色调的装饰，橙色，紫色。

# 1.10 使用文本提示创作图像

在 Firefly 中使用文字生成图像功能，可快速生成图像以丰富社交媒体中的帖子、海报、传单等内容，具体如下。

- 为网站制作产品模型，可吸引潜在客户。
- 制作营销材料，如海报、传单或社交媒体图形，可用于宣传营销活动。
- 创作娱乐内容，如幽默梗图，可为读者带来阅读乐趣。

● 为书籍、杂志和其他出版物生成插图，可增强其阅读性。

## 1.11 在图像中添加对象

使用 Firefly 的"生成式填充"工具，可尝试一些天马行空的想法、构思不同的概念并快速生成多种图像变体。

● 增加视觉趣味并提升美学效果。例如，可以在花瓶中添加一朵花，或在风景中添加一棵树。

● 创建更逼真的图像。例如，可以在风景照片中添加一个人，在山景照片中添加一位远足者，或在海滩照片中添加一对情侣。

● 修复缺失的人或物。例如，可以在家庭照片中添加狗的图像。

● 增添趣味和创意。例如，可以在照片中添加卡通人物。

● 通过更改照片中裙子的颜色，观察裙子在不同颜色下的效果。

● 让图片更加突出。例如，可以更改风景照片中花朵的颜色。

那么如何使用 Firefly Web 应用程序进行生成式填充操作呢？具体操作方法如下。

01 转到 Firefly Web 应用程序中的生成式填充功能。

02 上传图像或从 Firefly 库中选择示例资源。

03 要添加对象或更改对象的颜色，请选择插入并涂刷图像中的区域或对象。

04 编辑画笔描边或设置。

05 添加详细描述，然后选择生成。如果将描述留空，则涂刷区域将根据周围环境进行填充。

06 从生成结果中选择一张图像，或者选择更多以生成更多图像变体。

07 如果图像看起来有问题或令人反感，想要就图像的质量和准确性提供反馈，或者进行举报，可将鼠标悬停在一张图像变体上，然后选择选项菜单图标。

08 选择保留以继续使用选定的图像，或者选择取消以放弃生成的图像变体。

09 图像准备就绪后，可以选择编辑、共享或保存图像。

---

> **提示**
>
> 要编写有效的文本提示，尽量使用简明、直接的用语，至少写出 3 个词语。例如，一只猫藏在树后，一只猴子用手拿着一根香蕉。

在画笔描边或设置中的工具功能如图 1.7 所示。

| 工具 | 描述 |
|------|------|
| 添加 ⊕ | 添加画笔描边 |
| 去除 ⊖ | 擦除画笔描边 |
| 画笔设置 ✏ | 修改画笔的大小、硬度（羽化）或不透明度 |
| 背景 ▣ | 擦除或替换图像的背景 |
| 反转 ▣ | 反转选区 |

图 1.7　工具的功能

## 1.12　从图像中移除对象

从图像中移除不需要的对象操作对于创作而言有以下几种好处。

（1）通过移除干扰元素来改善图像的构图。例如，从森林照片中移除电线，或从历史古迹照片中移除人物。

（2）创作聚焦于特定主体的更具体图像。例如，从产品照片中移除人物。

（3）尝试不同的构图和样式，创作出独一无二的创意图像。例如，从风景照片中移除一棵树，或从合照中移除一个人。

那么如何移除图像中的对象操作呢？具体操作步骤如下。

01 转到 Firefly Web 应用程序中的生成式填充功能。

02 上传图像或从 Firefly 库中选择示例资源。

03 要移除不必要的对象，请选择移除并涂刷要移除的对象。

04 利用工具编辑画笔描边或设置。

05 选择移除。

06 从生成结果中选择一张图像，或者选择更多以生成更多图像变体。

07 如果图像看起来有问题或令人反感，想要就图像的质量和准确性提供反馈，或者进行举报，请将鼠标悬停在一张图像变体上，然后选择选项菜单图标。

08 选择保留以继续使用选定的图像，或者选择取消以放弃生成的图像变体。

09 图像准备就绪后，可以选择编辑、共享或保存图像。

在画笔描边或设置中的工具功能如图 1.8 所示。

| 工具 | 描述 |
|------|------|
| 添加 ✍ | 添加画笔描边 |
| 去除 ✍ | 擦除画笔描边 |
| 画笔设置 ✏ | 修改画笔的大小、硬度（羽化）或不透明度 |
| 背景 🖼 | 擦除或替换图像的背景 |
| 反转 ◨ | 反转选区 |

图 1.8　工具的功能

# 1.13　移除或替换背景

从图像中移除背景可以扩展创作空间，为作品添加至更多的想法。替换背景的功能有以下几种好处。

（1）打造更具吸引力的图像。将背景更改为具有视觉吸引力的内容，如异想天开的场景或超现实环境。

（2）创作个性化照片。将背景更改为某个感到特别的地方或充满快乐回忆的地方。

（3）打造具有视觉吸引力的图像。将背景更改为更赏心悦目的颜色或令人兴奋的场景。

（4）创作聚焦特定主体的具体图像。更改产品照片的背景以移除周围的杂物或背景杂色。

（5）更改图像的氛围。将背景更改为温馨怡人的场景或黑暗不祥的场景。

那么如何使用 Firefly Web 应用程序移除或替换图像背景？具体方法如下。

**01** 转到 Firefly Web 应用程序中的生成式填充功能。

**02** 上传图像或从 Firefly 库中选择示例资源。

**03** 要移除或替换背景，单击背景 🖼 图标。

**04** 添加详细描述，然后选择生成。如果将描述留空，则涂刷区域将根据周围环境进行填充。

**05** 从生成结果中选择一张图像，或者选择更多以生成更多图像变体。

**06** 选择保留以继续使用选定的图像，或者选择取消以放弃生成的图像变体。

**07** 图像准备就绪后，可以编辑、共享或保存图像。

## 1.14 分享 Firefly 创作成果

分享 Firefly 创作成果的步骤如下。

**01** 将鼠标悬停在 Firefly Web 应用程序中生成的图像上，选择"更多选项"图标。

**02** 选择复制链接（如果使用的是移动设备，则是共享链接），复制链接时会出现通知。

**03** 共享链接以允许其他人在浏览器上查看 Firefly 创建的内容（包括应用的参数和使用的提示），即使没有 Creative Cloud 账户也可以查看。

## 1.15 常见问题解答

### 1. 能否将 Firefly 生成的输出内容用于商业用途？

对于没有 Beta 版标签的功能，用户可以在商业项目中使用 Firefly 生成的输出内容。对于 Beta 版中的功能，除非产品中明确标出，否则用户可以将 Firefly 生成的输出内容用于商业项目。

### 2. 如何通过 Firefly 获得最佳结果？

结果取决于提示词。提示词在指导 AI 行为、影响其响应质量和相关性方面起着关键作用。

### 3. 为什么下载的图像上会有水印？

如果是免费用户，在下载或导出使用 Firefly 创建的内容时，这些内容上是有水印的。带水印的内容仍可用于商业用途。要去除水印，可以订阅 Firefly 高级计划、Adobe Express 高级计划或其他计划之一。

### 4. 如何更改 Firefly Web 应用程序的语言？

在 Firefly Web 应用程序中，选择右上角的配置文件图标，然后选择首选项。从下拉菜单中选择首选语言，然后确认以应用更改。

### 5. Firefly 从哪里获取数据?

目前的 Firefly 生成式 AI 模型已在 Adobe Stock 数据集以及公开发布的许可作品和版权已过期的公共域内容上进行了培训。随着 Firefly 的发展,Adobe 正在探索各种方法,使创作者能够使用自己的资源培训机器学习模型,以便可以生成与其独特风格、品牌和设计语言相匹配的内容,而无须考虑其他创作者内容的影响。

## 1.16 错误及对应的解决方法

### 1. 登录或激活 Firefly Web 应用程序时出现错误

要修复在登录或激活 Firefly Web 应用程序时出现的连接错误,请参阅解决连接错误。

### 2. 使用"生成式填充"时,屏幕上未显示图像

如果将图像上传到 Firefly Web 应用程序后,而屏幕未加载图像,请检查浏览器是否有可用的更新,以确保使用的是最新版本。

### 3. 翻译错误或提示翻译不准确

目前,Firefly 支持 100 多种语言的提示,并使用 Microsoft Translator 提供机器翻译服务翻译为英语。由于每种语言具有细微差别,所以某些根据所翻译的提示生成的内容可能并不准确或出乎意料。Firefly 团队正在努力识别并解决发现的问题。

### 4. 提示触发语言警告

在有些情况下,简短的英语提示(通常是一个单词)可能会被错误地识别为不受支持的语言,只需将提示扩展到多个单词,错误就会得到解决。为了获得最佳的提示体验,请使用 3 个或更多单词(词语)来描述构思。

### 5. 无法处理提示

如果用户看到无法处理此提示的消息,需要重新编写提示,然后重试。确保提示符合生成式 AI 用户准则。如果不刷新图像,则无法输入提示和更改样式,输入新的提示时,必须刷新图像。

### 6. 生成的图像中的文本出现失真且不清楚

在某些情况下会出现伪影。但是，文字生成图像功能尚不支持在图像中生成文本和符号。

### 7. 图像中的面部、手指和脚趾等身体特征显得不真实

Firefly 的模型质量会随着时间的推移而改进，生成的内容会更好地遵从提示。

### 8. Firefly 不了解名人或名牌

Firefly 仅生成 Stock 网站上可用于商业用途的公众人物图像，无法生成 Stock 数据中不可用的公众人物。

## 1.17 技术要求

### 1. 桌面上的 Firefly Web 应用程序

Firefly Web 桌面的应用程序使用环境要求如图 1.9 所示。

| 操作系统 | Windows：版本 10 或更高版本<br>macOS：版本 12 或更高版本<br>ChromeOS |
| --- | --- |
| Web 浏览器 | Chrome、Edge：108 或更高版本<br>Firefox：108 或更高版本<br>Safari：15 或更高版本（Firefly 与锁定模式不兼容）<br>注意：必须启用 JavaScript |
| 内存要求 | 最低 4GB 内存 |

图 1.9　桌面的应用程序环境要求

### 2. 内容要求

将图像上传到 Firefly 时，需要满足的要求如图 1.10 所示。

| 接受的格式 | 生成式填充：JPG、PNG、WebP<br>文字生成图像、生成式匹配：JPG、PNG、WebP、HEIC |
| --- | --- |
| | 📝 注意：仅当从台式计算机或笔记本电脑访问时，才能在 Safari 中使用 HEIC。 |

图 1.10　图像内容要求

### 3. 支持的语言

Firefly Web 应用程序的用户界面提供的语言版本如图 1.11 所示。

| | |
|---|---|
| 巴西葡萄牙语 | 意大利语 |
| 简体中文 | 日语 |
| 繁体中文 | 朝鲜语 |
| 捷克语 | 挪威语 |
| 丹麦语 | 波兰语 |
| 荷兰语 | 俄语 |
| 英语 | 西班牙语 |
| 芬兰语 | 瑞典语 |
| 法语 | 土耳其语 |
| 德语 | 乌克兰语 |
| 匈牙利语 | |

图 1.11　支持的语言版本

> **提示**
>
> 对于文本提示输入，Firefly 支持 100 多种语言。

# 第2章

# 以文成图打造精美图像

**本章介绍**

　　本章讲解以文成图打造精美图像。以文成图，顾名思义就是利用文字生成图像，通过输入关键词，可以生成想要的图像效果，这是 Adobe Firefly 最为重要的功能。本章列举了如打造古怪精灵兔子图像、打造未来感火星游乐园图像、制作街头散景蜜蜂图像、打造数码风跳舞机器人图像、生成神秘游戏角色图像等案例。通过对本章内容的学习，读者可以掌握以文成图打造精美图像的相关知识。

**要点索引**

- ★　学习打造古怪精灵兔子图像
- ★　学会打造未来感火星游乐园图像
- ★　掌握制作街头散景蜜蜂图像
- ★　了解如何打造数码风跳舞机器人图像
- ★　学会生成神秘游戏角色图像

# 2.1 打造古怪精灵兔子图像

**案例详解**

　　小兔子的天性活泼好动。本例中的图像在生成过程中以漂亮的小池塘风景作为背景，将戴着眼镜且打着雨伞的小兔子形象所表现出来的古怪精灵风格体现得淋漓尽致，同时特意添加蝴蝶关键词，与整体图像相结合，整个画面可爱感十足。图像效果如图 2.1 所示。

图 2.1　图像效果

**操作步骤**

## 2.1.1 输入关键提示

`01` 在 Adobe Firefly 主页中单击【文字生成图像】区域右下角的【生成】按钮。

`02` 在页面底部的【提示】文本框中输入"角色设计，3D 动画，古怪的毛茸茸的兔子，大头，大眼睛，护目镜，穿着光滑的红色靴子，打喷嚏在小池塘里涉水，拿着雨伞，柔滑的白色羽毛上有泥土，空中飞舞的鸟儿和蝴蝶，秋天"。完成之后单击【生成】按钮，如图 2.2 所示。

> **提示**
>
> 输入的文字字数太多、信息量大将导致生成时间延长。

图 2.2　输入文本

## 2.1.2　调整生成项

**01** 在生成页面中左侧的【纵横比】下拉选项中选择【宽屏（16：9）】，如图 2.3 所示。

**02** 在【相机角度】中选择【特写】，如图 2.4 所示。

**03** 单击底部的【生成】按钮，在右侧预览区域可以看到生成的图像效果，单击图像底部缩览图可以

图 2.3　设置纵横比

图 2.4　更改相机角度

选择不同的图像效果，如图 2.5 所示。

图 2.5　生成效果

**04** 选中某个缩览图之后，再单击图像，即可看到生成的最终效果，如图 2.6 所示。

图 2.6　最终效果

## 2.2 打造未来感火星游乐园图像

 案例详解

　　未来是指从现在开始以后的时间，未来的事物是人们对以后的想象，未来所强调

的可以是一个时刻，也可以是某个时间段。人们对于未来的思考从未停止，至于未来是什么样的，谁都不知道。本例中的火星游乐园场景就是对未来的一种典型的想象画面。图像效果如图 2.7 所示。

图 2.7　图像效果

操作步骤

### 2.2.1　添加提示词

**01** 在 Adobe Firefly 主页中单击【文字生成图像】区域右下角的【生成】按钮。

**02** 在底部文本框的【提示】中输入"漂亮的火星游乐园，天空中下着小雨"。完成之后单击【生成】按钮，如图 2.8 所示。

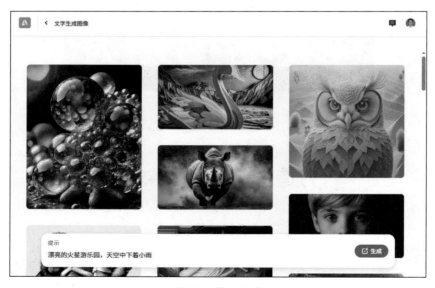

图 2.8　输入文本

图 2.8　输入文本（续）

## 2.2.2 更改生成项

**01** 在生成页面中左侧的【纵横比】下拉选项中选择【宽屏（16：9）】，如图 2.9 所示。

图 2.9　设置纵横比

**02** 在【内容类型】中选择【照片】，如图 2.10 所示。

**03** 在【视觉强度】中将滑块调整至最右侧位置，如图 2.11 所示。

图 2.10　更改内容类型

**04** 单击底部的【生成】按钮，在右侧预览区域可以看到生成的图像效果，单击图像底部缩览图可以选择不同的图像效果，如图 2.12 所示。

图 2.11　调整视觉强度

图 2.12　生成效果

**05** 选中某个缩览图之后，再单击图像，即可看到生成的最终效果，如图 2.13 所示。

图 2.13　最终效果

# 2.3　制作街头散景蜜蜂图像

**案例详解**

　　散景是指形容模糊不清的样子，一般表示在景深较浅的摄影成像中，落在景深以外的画面，会有逐渐产生松散模糊的效果。本例以漂亮的蜜蜂作为主要视觉元素，通过生成街道的散景效果，完美表现出整体画面特征。图像效果如图 2.14 所示。

图 2.14　图像效果

**操作步骤**

## 2.3.1　添加关键提示词

**01** 在 Adobe Firefly 主页中单击【文字生成图像】区域右下角的【生成】按钮。

**02** 在底部的【提示】文本框中输入"一只多彩的蜜蜂飞行在夜晚繁忙街道的人行道上，路上有许多行人，DSLR 相机，鲜艳而柔和的迷雾效果，浅景深"。完成之后单击【生成】按钮，如图 2.15 所示。

图 2.15　输入文本

## 2.3.2　对生成项进行设置

**01** 在生成页面中左侧的【纵横比】下拉选项中选择【宽屏（16：9）】，如图 2.16

所示。

02 在【内容类型】中选择【照片】，如图 2.17 所示。

图 2.16  设置纵横比　　　　　　　　　图 2.17  更改内容类型

03 单击底部的【生成】按钮，在右侧预览区域中可以看到生成的图像效果，单击图像底部缩览图可以选择不同的图像效果，如图 2.18 所示。

图 2.18  生成效果

04 选中某个缩览图之后，再单击图像，即可看到生成的最终效果，如图 2.19 所示。

图 2.19  最终效果

# 2.4 打造数码风跳舞机器人图像

**★ 案例详解**

数码指数字系统，是使用不连续的 0 或 1 进行信息的输入、处理、传输、存储等处理的系统。数码风是指那些带有明显的科技、数字的图像或者设施、设备。本例以漂亮的机器人图像作为主要元素，机器人舞动的姿态非常可爱。图像效果如图 2.20所示。

图 2.20　图像效果

**操作步骤**

## 2.4.1 添加关键提示

**01** 在 Adobe Firefly 主页中单击【文字生成图像】区域右下角的【生成】按钮。

**02** 在底部的【提示】文本框中输入"一个想象的画面，描绘了一个可爱的数字机器人在夜晚的街道上跳舞"。完成之后单击【生成】按钮，如图 2.21 所示。

## 2.4.2 设置生成项

**01** 在生成页面中左侧的【纵横比】下拉选项中选择【宽屏（16 : 9）】，如图 2.22所示。

图 2.21　输入文本

图 2.22　设置纵横比

02 单击底部的【生成】按钮，在右侧预览区域中可以看到生成的图像效果，单击图像底部缩览图可以选择不同的图像效果，如图 2.23 所示。

03 选中某个缩览图之后，再单击图像，即可看到生成的最终效果，如图 2.24 所示。

图 2.23 生成效果

图 2.24 最终效果

## 2.5 制作未来感超级跑车图像

 案例详解

未来感成了当下最流行的风格，震撼的氛围让人着迷。未来主义是发端于 20 世纪

初的艺术思潮，而如今的未来感是指通过外观表现科技和未来的元素，反映了社会的发展趋势。未来感以干净、透亮的色彩来表现图像中物体的质感。图像效果如图 2.25 所示。

图 2.25　图像效果

**操作步骤**

### 2.5.1　输入相关提示词

**01** 在 Adobe Firefly 主页中单击【文字生成图像】区域右下角的【生成】按钮。

**02** 在底部的【提示】文本框中输入"在月球上驾驶着超级跑车驶向远方"。完成之后单击【生成】按钮，如图 2.26 所示。

图 2.26　输入文本

图 2.26　输入文本（续）

## 2.5.2 更改相关生成项

01 在生成页面中左侧的【纵横比】下拉选项中选择【宽屏（16：9）】，如图 2.27 所示。

02 在【视觉强度】中将滑块调整至最右侧位置，如图 2.28 所示。

图 2.27　设置纵横比　　　　　　　　图 2.28　调整视觉强度

03 在【效果】|【概念】中选择【未来派】，如图 2.29 所示。

图 2.29　选择效果

04 单击底部的【生成】按钮，在右侧预览区域中可以看到生成的图像效果，单击图像底部缩览图可以选择不同的图像效果，如图 2.30 所示。

05 选中某个缩览图之后，再单击图像，即可看到生成的最终效果，如图 2.31 所示。

图 2.30　生成效果

图 2.31　最终效果

## 2.6　生成神秘游戏角色图像

 案例详解

　　游戏角色的风格通常代表着整个游戏的画面风格。本例通过输入蓝色激光、浓雾、城市、尘埃等关键词，完美表现出了一款游戏的定位。整个画面给人一种神秘的视觉感受，而蓝色又与科技、神秘、未知力量有关，最终生成的图像效果非常震撼。图像

效果如图 2.32 所示。

图 2.32　图像效果

操作步骤

### 2.6.1　加入关键提示

**01** 在 Adobe Firefly 主页中单击【文字生成图像】区域右下角的【生成】按钮。

**02** 在底部的【提示】文本框中输入"一个神秘的武士背影，在一个由蓝色激光制成的薄薄发光方块前，在浓雾中显得非常凶狠，背景是一座被摧毁的古老城市，电影场景，画面十分逼真，细节十分丰富，街道上的尘埃灰烬"。完成之后单击【生成】按钮，如图 2.33 所示。

图 2.33　输入文本

图 2.33　输入文本（续）

## 2.6.2　设置生成项

**01** 在生成页面中左侧的【纵横比】下拉选项中选择【宽屏（16：9）】，如图 2.34 所示。

**02** 在【内容类型】中选择【照片】，如图 2.35 所示。

图 2.34　设置纵横比

图 2.35　更改内容类型

**03** 在【效果】分类中选择【黑暗】和【迷雾】，如图 2.36 所示。

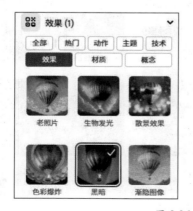

图 2.36　添加效果

**04** 在【颜色和色调】中选择【素雅颜色】，如图 2.37 所示。

图 2.37　更改颜色和色调

**05** 单击底部的【生成】按钮，在右侧预览区域中可以看到生成的图像效果，单击图像底部缩览图可以选择不同的图像效果，如图 2.38 所示。

图 2.38　生成效果

**06** 选中某个缩览图之后，再单击图像，即可看到生成的最终效果，如图 2.39 所示。

图 2.39　最终效果

## 2.7 打造科幻主题图

**案例详解**

　　科幻可以理解为科学幻想，具体是指在人类最大的可知信息量与现实的冲突前提下，虚构可能发生的事件。如今，科学幻想已发展成为一种文化和风格，而科幻文化也成为一种由科幻作品衍变出来的新文化，由科幻概念所演变而来的图像通常具有很不错的视觉效果。图像效果如图 2.40 所示。

图 2.40　图像效果

**操作步骤**

### 2.7.1　输入关键提示

　　01 在 Adobe Firefly 主页中单击【文字生成图像】区域右下角的【生成】按钮。

　　02 在底部的【提示】文本框中输入"在野外山间草地上坠毁的外星飞船，旁边有条小河，晴空万里"。完成之后单击【生成】按钮，如图 2.41 所示。

### 2.7.2　对生成项进行设置

　　01 在生成页面中左侧的【纵横比】下拉选项中选择【宽屏（16：9）】，如图 2.42 所示。

　　02 在【内容类型】中选择【照片】，如图 2.43 所示。

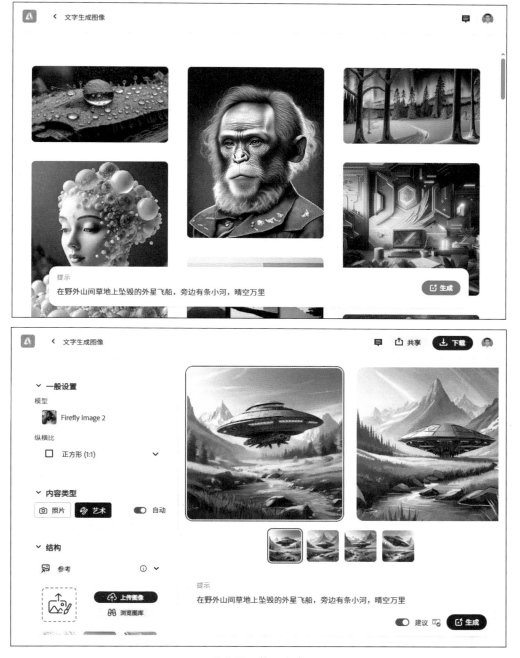

图 2.41　输入文本

图 2.42　设置纵横比　　　　　　　　　图 2.43　更改内容类型

**03** 在【效果】选项中选择【主题】分类中的【电影效果】，如图 2.44 所示。

图 2.44　选择效果

**04** 单击底部的【生成】按钮，在右侧预览区域中可以看到生成的图像效果，单击图像底部缩览图可以选择不同的图像效果，如图 2.45 所示。

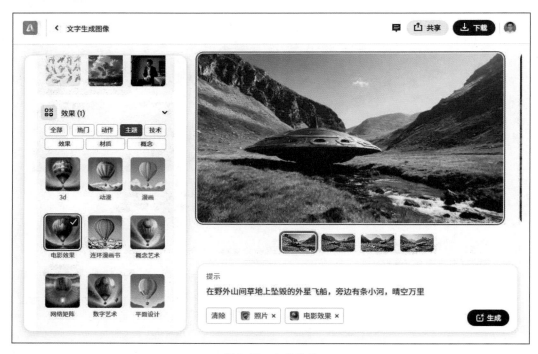

图 2.45　生成效果

**05** 选中某个缩览图之后，再单击图像，即可看到生成的最终效果，如图 2.46 所示。

图 2.46　最终效果

## 2.8　生成蒸汽朋克风图像

案例详解

　　蒸汽朋克是一个合成词，由蒸汽（steam）和朋克（punk）两个词组成，蒸汽是指以蒸汽机为动力的大型机械，而朋克则是指那种边缘化、非主流的文化。当这两种概念相结合便会产生一种新的概念，以蒸汽朋克风为代表的图像具有非常厚重的视觉感受。图像效果如图 2.47 所示。

图 2.47　图像效果

✎ 操作步骤

## 2.8.1 添加提示词

**01** 在 Adobe Firefly 主页中单击【文字生成图像】区域右下角的【生成】按钮。

**02** 在底部的【提示】文本框中输入"一个巨型钢铁工厂，工业革命时期，朋克风格"。完成之后单击【生成】按钮，如图 2.48 所示。

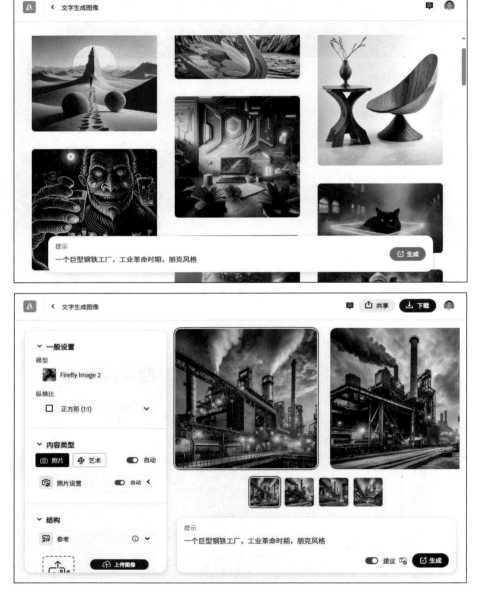

图 2.48　输入文本

### 2.8.2 调整生成项

**01** 在生成页面中左侧的【纵横比】下拉选项中选择【宽屏（16：9）】，如图 2.49 所示。

图 2.49　设置纵横比

**02** 在【内容类型】中选择【照片】，如图 2.50 所示。

图 2.50　更改内容类型

**03** 单击底部的【生成】按钮，在右侧预览区域中可以看到生成的图像效果，单击图像底部缩览图可以选择不同的图像效果，如图 2.51 所示。

图 2.51　生成效果

**04** 选中某个缩览图之后，再单击图像，即可看到生成的最终效果，如图 2.52 所示。

图 2.52　最终效果

# 2.9 生成朋克金属玫瑰图像

**案例详解**

在上一个实例中已经讲到了关于朋克的简单概念，朋克强调自我个性表达，不入主流。在本例的关键词中加入了玫瑰花朵、朋克、金属等关键词，通过这些关键词可以直接生成对应的图像。图像效果如图 2.53 所示。

图 2.53　图像效果

**操作步骤**

### 2.9.1　添加关键词

**01** 在 Adobe Firefly 主页中单击【文字生成图像】区域右下角的【生成】按钮。

**02** 在底部的【提示】文本框中输入"渐变色玫瑰花朵，朋克风格，金属"。完成之后单击【生成】按钮，如图 2.54 所示。

### 2.9.2　对生成项进行设置

**01** 在生成页面中左侧的【纵横比】下拉选项中选择【宽屏（16：9）】，如图 2.55 所示。

**02** 在【内容类型】中选择【照片】，如图 2.56 所示。

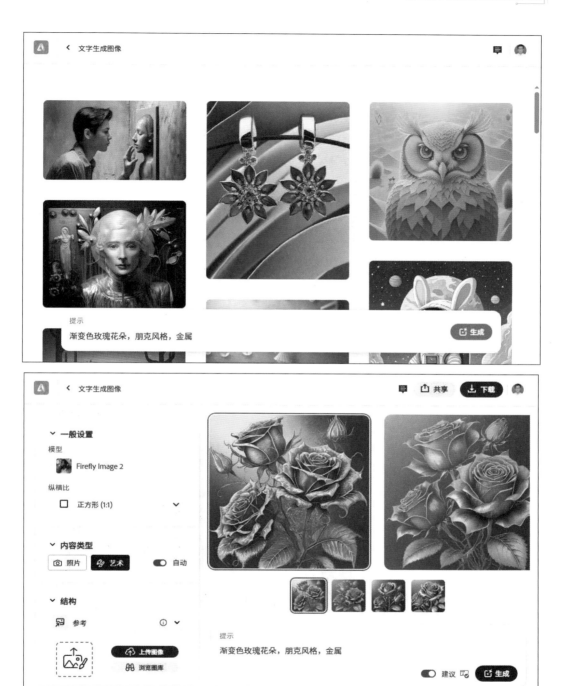

图 2.54　输入文本

纵横比

▭　宽屏 (16:9)　　　　　　　　　∨

图 2.55　设置纵横比

▼ **内容类型**

◎ 照片　　　✐ 艺术　　　○ 自动

图 2.56　更改内容类型

**03** 在【结构】中单击【浏览图库】，在【线条画】类型中选择一个结构样式，如图 2.57 所示。

**04** 在【视觉强度】中将滑块调整至最右侧位置，如图 2.58 所示。

图 2.57　选择效果

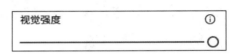

图 2.58　调整视觉强度

**05** 单击底部的【生成】按钮，在右侧预览区域中可以看到生成的图像效果，单击图像底部缩览图可以选择不同的图像效果，如图 2.59 所示。

图 2.59　生成效果

**06** 选中某个缩览图之后，再单击图像，即可看到生成的最终效果，如图 2.60 所示。

图 2.60 最终效果

## 2.10 制作海豚壁画雕刻

壁画是墙壁上的艺术，是指直接画在墙面上的画。壁画作为建筑物的附属部分，其装饰和美化功能使它成为环境艺术的一个重要方面。本例中的壁画以雕刻形式呈现，通过指定关键词，呈现出结构精巧的视觉效果。图像效果如图 2.61 所示。

图 2.61 图像效果

### 2.10.1 输入关键词

**01** 在 Adobe Firefly 主页中单击【文字生成图像】区域右下角的【生成】按钮。

**02** 在底部的【提示】文本框中输入"一只海豚在海洋里微笑，3D，黏土，数字艺术"。完成之后单击【生成】按钮，如图 2.62 所示。

图 2.62 输入文本

### 2.10.2 调整生成项

**01** 在生成页面中左侧的【纵横比】下拉选项中选择【宽屏（16：9）】，如图 2.63 所示。

**02** 在【内容类型】中选择【照片】，如图 2.64 所示。

图 2.63　设置纵横比

图 2.64　更改内容类型

**03** 在【结构】中选择一个结构样式，如图 2.65 所示。

**04** 在【风格】中选择一种视觉风格，如图 2.66 所示。

图 2.65　选择结构样式

图 2.66　选择视觉风格

**05** 在【效果】中的【主题】分类中选择【3D】【数字艺术】以及【材质】中的【黏土动画】，如图 2.67 所示。

图 2.67　选择效果

**06** 单击底部的【生成】按钮，在右侧预览区域中可以看到生成的图像效果，单击图像底部缩略图可以选择不同的图像效果，如图 2.68 所示。

图 2.68　生成效果

**07** 选中某个缩览图之后，再单击图像，即可看到生成的最终效果，如图 2.69 所示。

图 2.69　最终效果

# 2.11　生成复古的 8bit 游戏图像

 案例详解

　　8bit 是一个计算机术语，指的是由 8 个二进制位组成的单位。早期的游戏图像受限于硬件，其画面比较粗糙，色彩的表现不够细腻。而如今随着技术的飞速发展，硬

件性能有了质的飞跃，而对于部分游戏玩家来说，他们还是喜欢复古的游戏画面。本例通过指定关键词可以生成具有独特风格的复古8bit游戏图像。图像效果如图2.70所示。

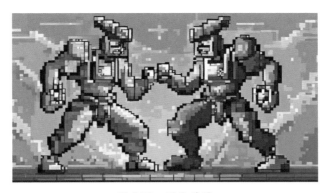

图 2.70　图像效果

操作步骤

### 2.11.1　输入关键词

**01** 在 Adobe Firefly 主页中单击【文字生成图像】区域右下角的【生成】按钮。

**02** 在底部的【提示】文本框中输入 "8bit 视频游戏角色的像素，画面中两个角色在战斗"。完成之后单击【生成】按钮，如图 2.71 所示。

图 2.71　输入文本

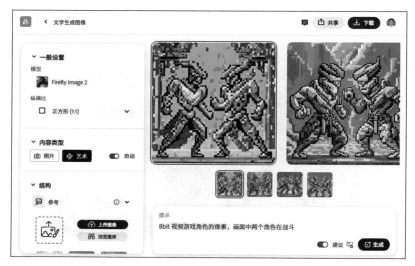

图 2.71 输入文本（续）

## 2.11.2 对生成项进行更改

**01** 在生成页面中左侧的【纵横比】下拉选项中选择【宽屏（16：9）】，如图 2.72 所示。

**02** 在【内容类型】中选择【艺术】，如图 2.73 所示。

**03** 单击底部的【生成】按钮，在右侧预览区域中可以看到生成的图像效果，单击图像底部缩览图可以选择不同的图像效果，如图 2.74 所示。

图 2.72 设置纵横比

图 2.73 更改内容类型

图 2.74 生成效果

**04** 选中某个缩览图之后，再单击图像，即可看到生成的最终效果，如图 2.75 所示。

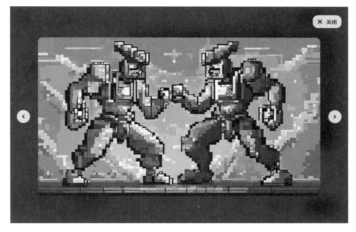

图 2.75　最终效果

# 2.12　制作新鲜的水果图像

**案例详解**

　　提及水果，人们往往与新鲜、美味、色彩丰富联系起来，比如新鲜上市的时令水果，可以激发人们的品尝欲望。本例在生成过程中通过输入西瓜、水果店、城市等关键词生成漂亮的水果图像，整体的画面效果色彩丰富，视觉效果相当出色。图像效果如图 2.76 所示。

图 2.76　图像效果

操作步骤

## 2.12.1 输入关键词

**01** 在 Adobe Firefly 主页中单击【文字生成图像】区域右下角的【生成】按钮。

**02** 在底部的【提示】文本框中输入"城市水果店里的一只西瓜，新鲜，绿油油，背景中有各种水果"。完成之后单击【生成】按钮，如图 2.77 所示。

图 2.77 输入文本

## 2.12.2 对生成项进行设置

**01** 在生成页面中左侧的【纵横比】下拉选项中选择【宽屏（16：9）】，如图 2.78 所示。

**02** 在【内容类型】中选择【照片】，如图 2.79 所示。

图 2.78 设置纵横比

图 2.79 更改内容类型

**03** 单击底部的【生成】按钮，在右侧预览区域中可以看到生成的图像效果，单击图像底部缩览图可以选择不同的图像效果，如图 2.80 所示。

图 2.80 生成效果

**04** 选中某个缩览图之后，再单击图像，即可看到生成的最终效果，如图 2.81 所示。

图 2.81 最终效果

## 2.13　生成希望的夏日图像

★ 案例详解

　　本例在生成过程中通过输入向日葵、阳光、田园关键词完美表现出充满希望的场景。通过 Adobe Firefly 的强大生成功能，将关键元素尽数表现出来，很好地呼应了"希望"的主题。在生成过程中选择合适的相机和角度将整个图像完美表现出来。图像效果如图 2.82 所示。

图 2.82　图像效果

操作步骤

### 2.13.1　添加特定关键词

**01** 在 Adobe Firefly 主页中单击【文字生成图像】区域右下角的【生成】按钮。

**02** 在底部的【提示】文本框中输入"田园里的向日葵，阳光照耀着整个田园，蝴蝶翩翩起舞，夏天"。完成之后单击【生成】按钮，如图 2.83 所示。

### 2.13.2　调整生成项

**01** 在生成页面中左侧的【纵横比】下拉选项中选择【宽屏（16：9）】，如图 2.84 所示。

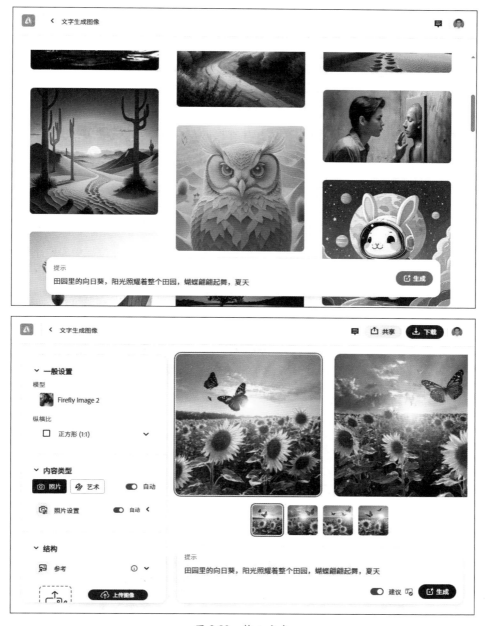

图 2.83　输入文本

02 在【内容类型】中选择【照片】，如图 2.85 所示。

图 2.84　设置纵横比　　　　　　　　　图 2.85　更改内容类型

03 将【颜色和色调】更改为【明亮的颜色】，如图 2.86 所示。

**04** 将【相机角度】更改为【广角】，如图 2.87 所示。

图 2.86　更改颜色和色调　　　　　　　　图 2.87　更改相机角度

**05** 单击底部的【生成】按钮，在右侧预览区域中可以看到生成的图像效果，单击图像底部缩览图可以选择不同的图像效果，如图 2.88 所示。

图 2.88　生成效果

**06** 选中某个缩览图之后，再单击图像，即可看到生成的最终效果，如图 2.89 所示。

图 2.89　最终效果

# 2.14 制作海洋游戏图像

## 📖★ 案例详解

　　游戏画面通过夸张的视觉效果来表现其所强调的主题。比如，在本例中将大海、灯塔、黑暗、小岛、海湾及烟雾等元素结合起来，整个图像具有很强的对比色彩以及丰富的层次。图像效果如图 2.90 所示。

图 2.90　图像效果

## ✏️ 操作步骤

### 2.14.1 输入关键词

01 在 Adobe Firefly 主页中单击【文字生成图像】区域右下角的【生成】按钮。

02 在底部的【提示】文本框中输入"大海上的一座红色灯塔，在黑暗中照耀着茫茫大海，灯塔坐落在一个海湾的岩石小岛上，巨大的风浪将海湾侵蚀，小岛的周围是烟雾弥漫的橙色云层，画面具有神秘的科幻色彩"。完成之后单击【生成】按钮，如图 2.91 所示。

### 2.14.2 更改生成项

01 在生成页面中左侧的【纵横比】下拉选项中选择【宽屏（16：9）】，如图 2.92 所示。

图 2.91　输入文本

02 在【内容类型】中选择【照片】，如图 2.93 所示。

图 2.92　设置纵横比　　　　　　　　　　　图 2.93　更改内容类型

03 在【结构】中选择一种样式，如图 2.94 所示。

04 在【效果】中的【热门】分类中选择【合成波】，如图 2.95 所示。

图 2.94 选择样式

图 2.95 选择效果

**05** 将【相机角度】更改为【广角】，如图 2.96 所示。

**06** 单击底部的【生成】按钮，在右侧预览区域中可以看到生成的图像效果，单击图像底部缩览图可以选择不同的图像效果，如图 2.97 所示。

图 2.96 更改相机角度

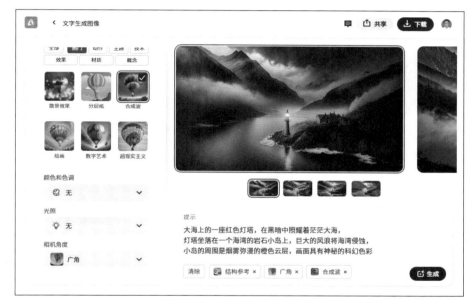

图 2.97 生成效果

**07** 选中某个缩览图之后，再单击图像，即可看到生成的最终效果，如图 2.98 所示。

图 2.98 最终效果

# 2.15 生成卡通漫画图像

★ 案例详解

卡通漫画的画面视觉效果比较轻柔,以简单的色块与线条相结合,表现出所要传递的主题。在本例中通过输入小女孩、放学回家以及路边开着花等关键词,将卡通漫画的概念完美表现出来。图像效果如图 2.99 所示。

图 2.99 图像效果

操作步骤

### 2.15.1 输入指定关键词

01 在 Adobe Firefly 主页中单击【文字生成图像】区域右下角的【生成】按钮。

02 在底部的【提示】文本框中输入"两个背着书包的小女孩,一起走在放学回家的路上,路边开着花"。完成之后单击【生成】按钮,如图 2.100 所示。

### 2.15.2 对生成项进行更改

01 在生成页面中左侧的【纵横比】下拉选项中选择【宽屏(16:9)】,如图 2.101 所示。

02 在【内容类型】中选择【照片】,如图 2.102 所示。

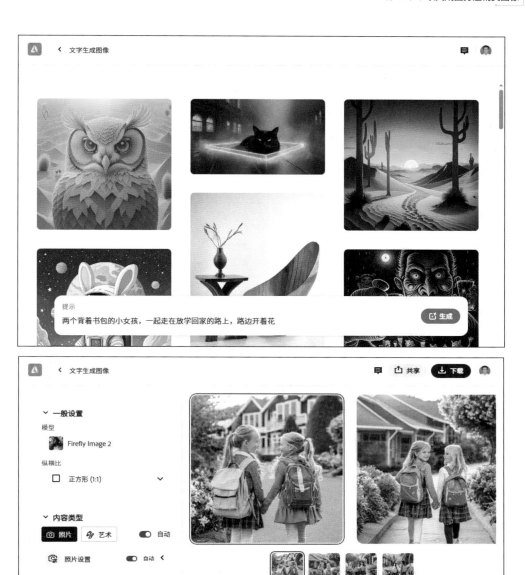

图 2.100　输入文本

纵横比

宽屏 (16:9)

图 2.101　设置纵横比

内容类型

照片　艺术　自动

图 2.102　更改内容类型

**03** 在【风格】中选择一种样式，如图 2.103 所示。

图 2.103　选择样式

**04** 单击底部的【生成】按钮，在右侧预览区域中可以看到生成的图像效果，单击图像底部缩览图可以选择不同的图像效果，如图 2.104 所示。

图 2.104　生成效果

**05** 选中某个缩览图之后，再单击图像，即可看到生成的最终效果，如图 2.105 所示。

图 2.105　最终效果

## 2.16 制作主题卡通小狗图像

**案例详解**

与卡通漫画实例相比，本例中的卡通小狗图像在生成过程中指定了非常详细的关键词，比如可爱、大眼睛、笑容、俏皮等，在生成过程中为其指定了结构，使最终的生成效果相当漂亮，同时与主题相契合。图像效果如图 2.106 所示。

图 2.106　图像效果

**操作步骤**

### 2.16.1　输入关键词

`01` 在 Adobe Firefly 主页中单击【文字生成图像】区域右下角的【生成】按钮。

`02` 在底部的【提示】文本框中输入"一只开心的小狗独自坐在城市街道上，可爱，卡通风格，大眼睛，笑容，俏皮"。完成之后单击【生成】按钮，如图 2.107 所示。

### 2.16.2　设置图像生成项

`01` 在生成页面中左侧的【纵横比】下拉选项中选择【宽屏（16：9）】，如图 2.108 所示。

`02` 在【内容类型】中选择【照片】，如图 2.109 所示。

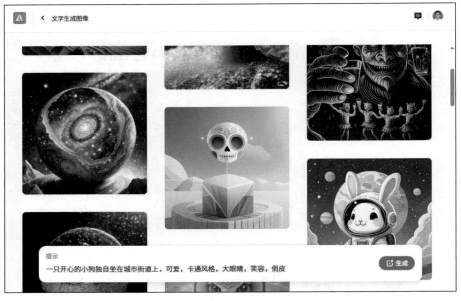

图 2.107　输入文本

图 2.108　设置纵横比　　　　　图 2.109　更改内容类型

03 在【结构】中单击【浏览图库】按钮，在出现的分类中选择【摄影】选项中的小猫样式，如图 2.110 所示。

04 在【风格】中选择一种样式，如图 2.111 所示。

图 2.110　选择摄影样式

图 2.111　选择风格样式

**05** 单击底部的【生成】按钮，在右侧预览区域中可以看到生成的图像效果，单击图像底部缩览图可以选择不同的图像效果，如图 2.112 所示。

图 2.112　生成效果

**06** 选中某个缩览图之后，再单击图像，即可看到生成的最终效果，如图 2.113 所示。

图 2.113　最终效果

# 2.17 生成梦幻游乐场图像

**案例详解**

　　游乐场图像应以游乐设施为主题，表现出欢乐的气氛。在本例的图像生成过程中，通过输入指定关键词，表现出一个脱离了传统概念的梦幻云端概念的游乐场地，将天空的概念与游乐设施相结合，整个画面完美表现出了梦幻的概念。图像效果如图 2.114 所示。

图 2.114　图像效果

**操作步骤**

## 2.17.1 添加指定关键词

　　**01** 在 Adobe Firefly 主页中单击【文字生成图像】区域右下角的【生成】按钮。

　　**02** 在底部的【提示】文本框中输入"想象一个漂浮在云端的游乐园，脱离了传统重力和地理概念的场景，创造一个漂亮的大型旋转木马，云中有一些彩色气球，所有这些都以柔和、灵动的云层和充满活力的天空场景为背景"。完成之后单击【生成】按钮，如图 2.115 所示。

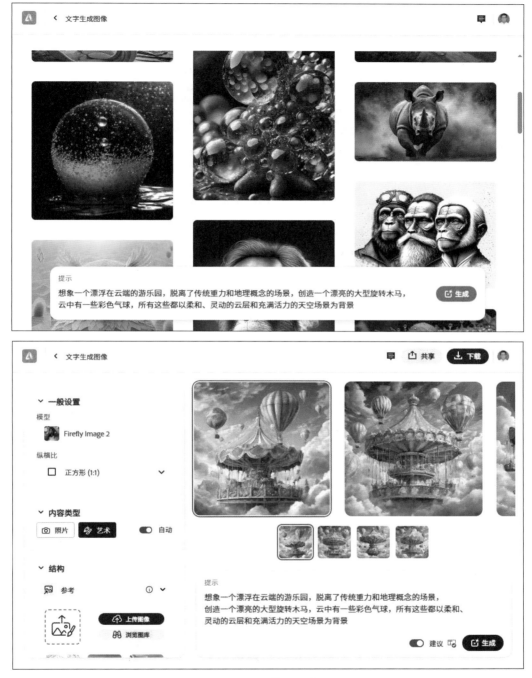

图 2.115　输入文本

## 2.17.2　对生成项进行设置

**01** 在生成页面中左侧的【纵横比】下拉选项中选择【宽屏（16 ∶ 9）】，如图 2.116

所示。

02 在【内容类型】中选择【照片】，如图 2.117 所示。

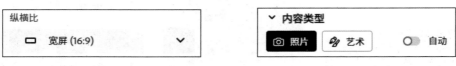

图 2.116　设置纵横比　　　　　　　图 2.117　更改内容类型

03 在【结构】中单击【浏览图库】按钮，在出现的分类中选择【抽象】选项中的样式，如图 2.118 所示。

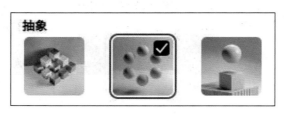

图 2.118　选择样式

04 单击底部的【生成】按钮，在右侧预览区域可以看到生成的图像效果，单击图像底部缩览图可以选择不同的图像效果，如图 2.119 所示。

图 2.119　生成效果

05 选中某个缩览图之后，再单击图像，即可看到生成的最终效果，如图 2.120 所示。

图 2.120 最终效果

## 2.18 制作可口的冰淇淋图像

📑★ 案例详解

　　冰淇淋的英文是 ice cream，中文直译为"冰冻了的奶油"，因此在制作冰淇淋图像时与奶油元素是密不可分的，通过输入奶油关键词与草莓图像元素，整体的画面表现出惊艳的色彩，同时生成的冰冻奶油纹理使得整个图像的质感非常出色。图像效果如图 2.121 所示。

图 2.121 图像效果

操作步骤

## 2.18.1 输入关键词

**01** 在 Adobe Firefly 主页中单击【文字生成图像】区域右下角的【生成】按钮。

**02** 在底部的【提示】文本框中输入"漂亮的冰淇淋特写镜头，捕捉了六个冰淇淋球，上面装饰着草莓和奶油，每个冰淇淋都定格在了优雅落下的瞬间，摄影棚里的灯光突出了冰淇淋球表面细腻的质感和纹理、流动的奶油，强调了冰淇淋的美味"。完成之后单击【生成】按钮，如图 2.122 所示。

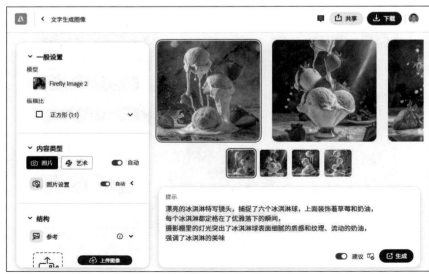

图 2.122　输入文本

## 2.18.2 设置生成项

**01** 在生成页面中左侧的【纵横比】下拉选项中选择【宽屏（16：9）】，如图 2.123 所示。

图 2.123　设置纵横比

**02** 在【内容类型】中选择【照片】，如图 2.124 所示。

**03** 在【结构】中选择一个样式，如图 2.125 所示。

图 2.124　更改内容类型

图 2.125　选择样式

**04** 在【视觉强度】中将滑块调整至最右侧位置，如图 2.126 所示。

**05** 将【相机角度】更改为【特写】，如图 2.127 所示。

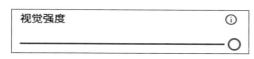

图 2.126　调整视觉强度

图 2.127　更改相机角度

**06** 单击底部的【生成】按钮，在右侧预览区域中可以看到生成的图像效果，单击图像底部缩览图可以选择不同的图像效果，如图 2.128 所示。

图 2.128　生成效果

**07** 选中某个缩览图之后，再单击图像，即可看到生成的最终效果，如图 2.129 所示。

图 2.129　最终效果

# 2.19 生成梦幻山间景象

　　梦幻是指脱离了现实的、虚无缥缈的感觉，在视觉上强调一种若有若无的感受。这种风格突出了色彩的对比以及氛围感，从柔和的色彩到平滑的光景过渡，整体画面具有很强的独立感与自我意识。图像效果如图 2.130 所示。

图 2.130　图像效果

操作步骤

### 2.19.1 输入关键词

**01** 在 Adobe Firefly 主页中单击【文字生成图像】区域右下角的【生成】按钮。

**02** 在底部的【提示】文本框中输入"山上开满了春天的花朵，一条河流贯穿其中，河岸上有一个小村庄，黄金时段，晴朗的天空"。完成之后单击【生成】按钮，如图 2.131 所示。

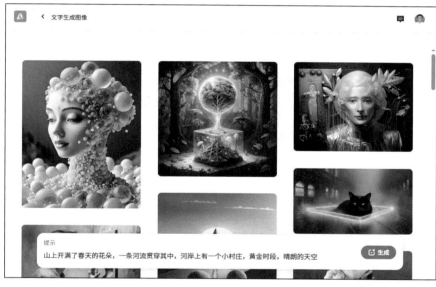

图 2.131　输入文本

## 2.19.2 对生成项进行设置

**01** 在生成页面中左侧的【纵横比】下拉选项中选择【宽屏（16∶9）】，如图 2.132 所示。

**02** 在【结构】中选择一种样式，如图 2.133 所示。

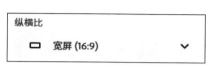

图 2.132　设置纵横比

图 2.133　选择样式

**03** 在【内容类型】中选择【艺术】，如图 2.134 所示。

图 2.134　更改内容类型

**04** 在【效果】中分别选择【主题】中的【概念艺术】及【概念】中的【未来派】，如图 2.135 所示。

图 2.135　选择效果

**05** 在【光照】选项中选择【黄金时段】，如图 2.136 所示。

图 2.136　选择光照

**06** 单击底部的【生成】按钮，在右侧预览区域可以看到生成的图像效果，单击图像底部缩览图可以选择不同的图像效果，如图 2.137 所示。

**07** 选中某个缩览图之后，再单击图像，即可看到生成的最终效果，如图 2.138 所示。

图 2.137　生成效果

图 2.138　最终效果

## 2.20　生成海洋风情别墅图像

 案例详解

　　海洋风情以漂亮的海洋元素图像作为主要视觉图像。在本例中以漂亮的热带元素，如椰树、石头、海湾元素作为图像的整体视觉效果，整个画面洋溢着非常明显的海洋

风情，通过橙色天空中的夕阳元素与傍晚时分的别墅内景相结合，整体的画面具有暖暖的高级氛围感。图像效果如图 2.139 所示。

图 2.139　图像效果

✍ 操作步骤

### 2.20.1　输入生成提示词

01 在 Adobe Firefly 主页中单击【文字生成图像】区域右下角的【生成】按钮。

02 在底部的【提示】文本框中输入"在太平洋的岛屿上，有一座非常漂亮的玻璃和粉彩墙壁环绕的别墅，在静静的深夜，周围是茂密的原始丛林"。完成之后单击【生成】按钮，如图 2.140 所示。

图 2.140　输入文本

图 2.140 输入文本（续）

## 2.20.2 调整生成项

**01** 在生成页面中左侧的【纵横比】下拉选项中选择【宽屏（16：9）】，如图 2.141 所示。

**02** 在【内容类型】中选择【照片】，如图 2.142 所示。

图 2.141 设置纵横比                    图 2.142 更改内容类型

**03** 在【颜色和色调】选项中选择【金色】，如图 2.143 所示。

图 2.143 选择色调

**04** 单击底部的【生成】按钮，在右侧预览区域中可以看到生成的图像效果，单击图像底部缩略图可以选择不同的图像效果，如图 2.144 所示。

**05** 选中某个缩略图之后，再单击图像，即可看到生成的最终效果，如图 2.145 所示。

图 2.144　生成效果

图 2.145　最终效果

## 2.21　生成艺术野餐图像

**案例详解**

　　野餐是一种户外休闲活动，最初的野餐活动始于 18 世纪的欧洲，当时还是一种比较正式的皇家社交活动，在如今野餐已成为一种健康、自然的生活方式。本例中的艺术野餐是指通过艺术化的表现手法，将野餐这一概念艺术化，因此整体画面非常抽象，也具有出色的视觉效果。图像效果如图 2.146 所示。

图 2.146　图像效果

操作步骤

### 2.21.1　输入关键词

01 在 Adobe Firefly 主页中单击【文字生成图像】区域右下角的【生成】按钮。

02 在底部的【提示】文本框中输入"糖骷髅头与野餐灵感的艺术品，细致的作品"。完成之后单击【生成】按钮，如图 2.147 所示。

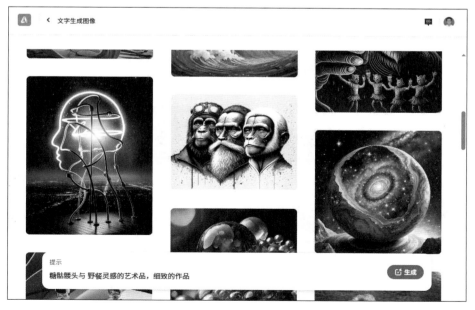

图 2.147　输入文本

图 2.147　输入文本（续）

## 2.21.2　对生成项进行设置

**01** 在生成页面中左侧的【纵横比】下拉选项中选择【宽屏（16：9）】，如图 2.148 所示。

**02** 在【内容类型】中选择【艺术】，如图 2.149 所示。

图 2.148　设置纵横比

图 2.149　更改内容类型

**03** 在【结构】分类中选择一个样式，如图 2.150 所示。

**04** 在【风格】中选择一种特定的风格类型，如图 2.151 所示。

图 2.150　选择结构样式

图 2.151　选择风格类型

**05** 单击底部的【生成】按钮，在右侧预览区域可以看到生成的图像效果，单击图像底部缩览图可以选择不同的图像效果，如图 2.152 所示。

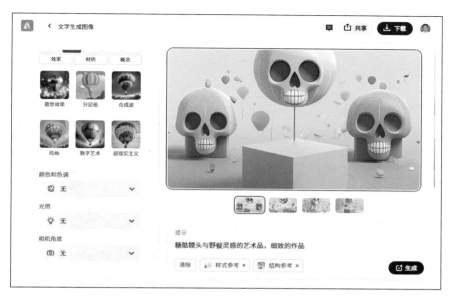

图 2.152　生成效果

**06** 选中某个缩览图之后，再单击图像，即可看到生成的最终效果，如图 2.153 所示。

图 2.153　最终效果

## 2.22　打造科技风电脑图像

 案例详解

科技风与数码风类似，它们共同强调数字化、信息化，将数种具有未来感的视觉

元素相结合。因为科技风强调未来感，所以它又与未来感的图像具有相似之处。在本例中通过输入指定的关键词，如电脑、互联网等，生成了一幅带有很强的科技风电脑图像。图像效果如图 2.154 所示。

图 2.154    图像效果

✎ 操作步骤

### 2.22.1    添加指定关键词

01 在 Adobe Firefly 主页中单击【文字生成图像】区域右下角的【生成】按钮。

02 在底部的【提示】文本框中输入"我的科技办公室里面有一台电脑，屏幕上带有互联网的 3D 渲染背景"。完成之后单击【生成】按钮，如图 2.155 所示。

图 2.155    输入文本

图 2.155　输入文本（续）

## 2.22.2　对生成项进行调整

**01** 在生成页面中左侧的【纵横比】下拉选项中选择【宽屏（16：9）】，如图 2.156 所示。

**02** 在【内容类型】中选择【照片】，如图 2.157 所示。

图 2.156　设置纵横比　　　　　　　　　　　图 2.157　更改内容类型

**03** 在【结构】中单击【浏览图库】，在【线条画】类型中选择一个样式，如图 2.158 所示。

**04** 在【效果】中选择【动作】中的【科幻】，如图 2.159 所示。

图 2.158　选择样式　　　　　　　　　　　图 2.159　选择效果

**05** 单击底部的【生成】按钮，在右侧预览区域中可以看到生成的图像效果，单击图像底部缩览图可以选择不同的图像效果，如图 2.160 所示。

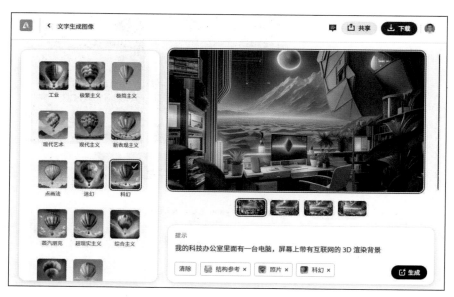

图 2.160　生成效果

06 选中某个缩览图之后，再单击图像，即可看到生成的最终效果，如图 2.161 所示。

图 2.161　最终效果

# 2.23　生成趣味豚鼠图像

★ 案例详解

豚鼠作为一种人工饲养的宠物，样子非常呆萌可爱，当提到这种宠物的时候很容

易让人与趣味联想起来。在本例的图像生成过程中，通过拟人化的形象关键词搭配，将其憨态可掬的形象完美地表现出来。图像效果如图 2.162 所示。

图 2.162　图像效果

操作步骤

### 2.23.1　输入关键词

01 在 Adobe Firefly 主页中单击【文字生成图像】区域右下角的【生成】按钮。

02 在底部的【提示】文本框中输入 "豚鼠戴着太阳镜，在野外骑着自行车，喝着奶昔"。完成之后单击【生成】按钮，如图 2.163 所示。

图 2.163　输入文本

图 2.163　输入文本（续）

## 2.23.2　对生成项进行设置

**01** 在生成页面中左侧的【纵横比】下拉选项中选择【宽屏（16：9）】，如图 2.164 所示。

**02** 在【内容类型】中选择【艺术】，如图 2.165 所示。

图 2.164　设置纵横比

图 2.165　更改内容类型

**03** 在【结构】中选择一个样式，如图 2.166 所示。

**04** 在【视觉强度】中将滑块调整至最右侧位置，如图 2.167 所示。

图 2.166　选择结构样式

图 2.167　调整视觉强度

**05** 单击底部的【生成】按钮，在右侧预览区域中可以看到生成的图像效果，单击图像底部缩览图可以选择不同的图像效果，如图 2.168 所示。

**06** 选中某个缩览图之后，再单击图像，即可看到生成的最终效果，如图 2.169 所示。

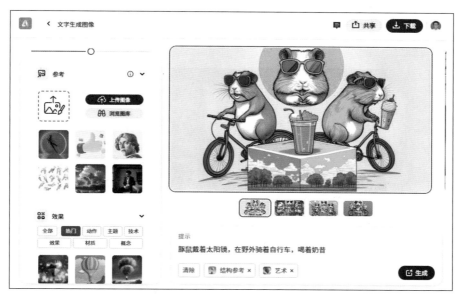

图 2.168 生成效果

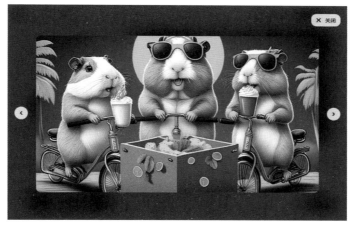

图 2.169 最终效果

## 2.24 生成美丽的极光图像

 案例详解

极光是一种绚丽多彩的等离子体现象，是由于太阳风进入地球磁场，在地球南北两极附近地区的高空夜间出现的美丽的光辉。极光的成因涉及太阳风、地球磁场和高

层大气之间的复杂相互作用。在本例中通过指定关键词，将雪景、湖泊与极光相结合，整体的画面视觉效果非常出色。图像效果如图 2.170 所示。

图 2.170　图像效果

操作步骤

### 2.24.1　输入关键词

01 在 Adobe Firefly 主页中单击【文字生成图像】区域右下角的【生成】按钮。

02 在底部的【提示】文本框中输入"想象白雪皑皑的山上的北极光，这个场景可能包括结冰的湖面，被大雪压倒的松树，夜空中极光的鲜艳色彩"。完成之后单击【生成】按钮，如图 2.171 所示。

图 2.171　输入文本

图 2.171　输入文本（续）

### 2.24.2　对生成项进行设置

**01** 在生成页面中左侧的【纵横比】下拉选项中选择【宽屏（16∶9）】，如图 2.172 所示。

**02** 在【内容类型】中选择【照片】，如图 2.173 所示。

图 2.172　设置纵横比

图 2.173　更改内容类型

**03** 在【效果】中选择【主题】中的【产品照片】，如图 2.174 所示。

**04** 在【相机角度】选项中选择【表面细节】，如图 2.175 所示。

图 2.174　选择效果

图 2.175　选择相机角度

**05** 单击底部的【生成】按钮，在右侧预览区域中可以看到生成的图像效果，单击图像底部缩览图可以选择不同的图像效果，如图 2.176 所示。

**06** 选中某个缩览图之后，再单击图像，即可看到生成的最终效果，如图 2.177 所示。

图 2.176 生成效果

图 2.177 最终效果

# 2.25 生成迷幻青蛙图像

 案例详解

迷幻可以理解为迷糊虚幻，也可以理解为直观上的恍惚感，让人产生一种精神上

的梦幻感。迷幻图像与迷幻音乐类似，它们都具有很强的特征指向，当欣赏者看到迷
幻图像时会产生一种精神上不同寻常的感觉。图像效果如图 2.178 所示。

图 2.178　图像效果

操作步骤

### 2.25.1　输入关键词

**01** 在 Adobe Firefly 主页中单击【文字生成图像】区域右下角的【生成】按钮。

**02** 在底部的【提示】文本框中输入"模糊的迷幻青蛙坐在蘑菇上，体形非常巨大"。
完成之后单击【生成】按钮，如图 2.179 所示。

图 2.179　输入文本

图 2.179　输入文本（续）

## 2.25.2　对生成项进行设置

**01** 在生成页面中左侧的【纵横比】下拉选项中选择【宽屏（16 ：9）】，如图 2.180 所示。

**02** 在【内容类型】中选择【照片】，如图 2.181 所示。

**03** 在【效果】分类中选择【超现实主义】，如图 2.182 所示。

图 2.180　设置纵横比

图 2.181　更改内容类型

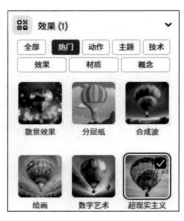

图 2.182　设置效果

**04** 单击底部的【生成】按钮，在右侧预览区域可以看到生成的图像效果，单击图像底部缩览图可以选择不同的图像效果，如图 2.183 所示。

**05** 选中某个缩览图之后，再单击图像，即可看到生成的最终效果，如图 2.184 所示。

图 2.183　生成效果

图 2.184　最终效果

## 2.26　制作精致的皇冠图像

案例详解

皇冠通常是君主身份的象征，一般由贵重金属制作，镶有宝石。皇冠在宗教上通常被视为神圣的代表。本例图像中的皇冠以漂亮的金黄色作为图像质感颜色，辅以漂

亮的花朵图像作为装饰，整体的造型漂亮且非常精致，这源自精确的关键词，可以令生成的图像效果更加逼真。图像效果如图 2.185 所示。

图 2.185　图像效果

📝 **操作步骤**

### 2.26.1　输入关键词

**01** 在 Adobe Firefly 主页中单击【文字生成图像】区域右下角的【生成】按钮。

**02** 在底部的【提示】文本框中输入"一顶皇冠，表面上有精美的花纹设计，很强的质感和纹理，金色的背景和灯光，非常详细，超级逼真"。完成之后单击【生成】按钮，如图 2.186 所示。

图 2.186　输入文本

图 2.186 输入文本（续）

## 2.26.2 对生成项进行设置

**01** 在生成页面中左侧的【纵横比】下拉选项中选择【宽屏（16：9）】，如图 2.187
所示。

**02** 在【内容类型】中选择【照片】，如图 2.188 所示。

图 2.187 设置纵横比　　　　　　　　图 2.188 更改内容类型

**03** 在【结构】中选择一个样式，如图 2.189 所示。

图 2.189 选择样式

**04** 单击底部的【生成】按钮，在右侧预览区域中可以看到生成的图像效果，单
击图像底部缩览图可以选择不同的图像效果，如图 2.190 所示。

图 2.190　生成效果

**05** 选中某个缩览图之后，再单击图像，即可看到生成的最终效果，如图 2.191 所示。

图 2.191　最终效果

# 第3章

# 图像处理与美化

本章讲解图像处理与美化。图像处理与美化是Adobe Firefly 非常强大的功能之一，在这里用户可以对图像中的部分元素进行更换，其效果非常自然。本章列举了如为人物衣服更换样式、将海上岛屿换成邮轮、将美食换成拉面、去除街道人物、将人物手中红茶换成一束花等案例。通过对本章内容的学习，读者可以掌握图像处理与美化的相关知识。

★ 学习为人物衣服更换样式
★ 学会将海上岛屿换成邮轮
★ 学习将美食换成拉面
★ 学习去除街道人物
★ 学会将人物手中红茶换成一束花

# 3.1 为人物衣服更换样式

**★ 案例详解**

本例中为人物衣服更换样式操作比较简单，只需要将原图像导入并利用画笔工具将人物的衣服选取，再通过输入关键词后单击【生成】按钮即可完成为人物衣服更换样式操作。图像更改前后对比效果如图 3.1 所示。

图 3.1　图像更改前后对比效果

**操作步骤**

### 3.1.1　上传素材图像

01 在 Adobe Firefly 主页中单击【生成式填充】区域右下角的【生成】按钮，进入【生成式填充】页面。

02 在跳转的创意填充页面中单击【上传图像】按钮。

03 在【打开】对话框中选择"女模特 .jpg"素材图像，单击【打开】按钮，如图 3.2 所示。

### 3.1.2　选定更改区域

01 单击页面底部的【设置】，在出现的选项中将【画笔大小】更改为 30%，将【画笔硬度】更改为 100%，如图 3.3 所示。

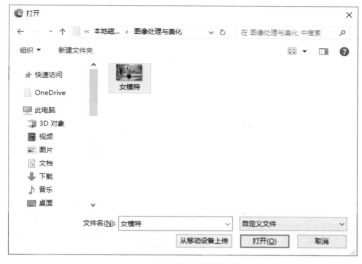

图 3.2　上传图像　　　　　　　　　　　　　　图 3.3　更改画笔

02 在人物裙子区域进行涂抹，如图 3.4 所示。

03 在页面底部文本框中输入"印花图案的裙子"，再单击【生成】按钮，如图 3.5 所示。

图 3.4　涂抹衣服区域　　　　　　　　　　　图 3.5　输入文字

04 执行以上操作后即可看到更换裙子后的效果，通过单击页面底部几个缩览图可以选择自己想要的效果，最终效果如图 3.6 所示。

图 3.6 最终效果

## 3.2 将海上岛屿换成邮轮

★ 案例详解

　　将海上岛屿换成邮轮的操作与为人物更换衣服样式的操作类似，其步骤基本相同，区别在于在选取岛屿图像时需要仔细地涂抹岛屿区域，将其完整选取，只有这样才可以生成完美的邮轮图像。图像更改前后对比效果如图 3.7 所示。

图 3.7 图像更改前后对比效果

操作步骤

### 3.2.1 添加素材图像

**01** 在 Adobe Firefly 主页中单击【生成式填充】区域右下角的【生成】按钮，进入【生成式填充】页面。

**02** 在跳转的创意填充页面中单击【上传图像】按钮。

**03** 在【打开】对话框中选择"岛屿 .jpg"素材图像，单击【打开】按钮，如图 3.8 所示。

图 3.8　上传图像

### 3.2.2 对特定区域进行选取

**01** 单击页面底部的【设置】，在出现的选项中将【画笔大小】更改为 50%，将【画笔硬度】更改为 100%，如图 3.9 所示。

**02** 在岛屿区域进行涂抹，如图 3.10 所示。

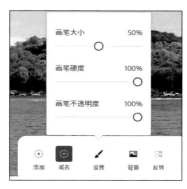

图 3.9　更改画笔

图 3.10　涂抹岛屿区域

**03** 在页面底部文本框中输入"一艘豪华邮轮",再单击【生成】按钮,如图 3.11 所示。

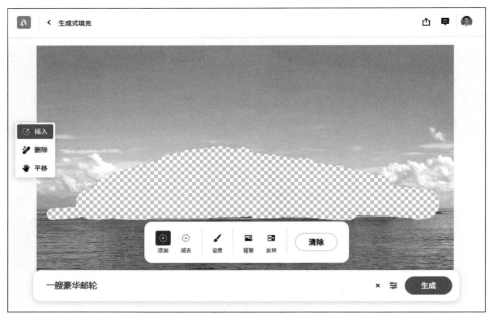

图 3.11  输入文字

**04** 执行以上操作后即可看到换图像后的效果,通过单击页面底部几个缩览图可以选择自己想要的效果,最终效果如图 3.12 所示。

图 3.12  最终效果

> **技巧**
>
> 在涂抹图像过程中可适当更改画笔大小，使整个涂抹效果更加自然。

# 3.3 将美食换成拉面

**案例详解**

　　本例中把美食换成拉面操作非常简单，只需要利用画笔在所要更换的图像区域进行单击，选取整个图像，即可完成美食换成拉面的操作。图像更改前后对比效果如图 3.13 所示。

图 3.13　图像更改前后对比效果

**操作步骤**

### 3.3.1　添加素材图像

　**01** 在 Adobe Firefly 主页中单击【生成式填充】区域右下角的【生成】按钮，进入【生成式填充】页面。

　**02** 在跳转的创意填充页面中单击【上传图像】按钮。

　**03** 在【打开】对话框中选择"美食 .jpg"素材图像，单击【打开】按钮，如图 3.14 所示。

图 3.14　上传图像

### 选择更改区域

01 单击页面底部的【设置】，在出现的选项中将【画笔大小】更改为 100%，将【画笔硬度】更改为 100%，如图 3.15 所示。

图 3.15　更改画笔

02 在黑色的碗图像位置单击数次。

03 在页面底部文本框中输入 "一碗牛肉面"，单击【生成】按钮，如图 3.16 所示。

04 执行以上操作后即可看到换图像后的效果，通过单击页面底部几个缩览图可以选择自己想要的效果，最终效果如图 3.17 所示。

图 3.16 输入文字

图 3.17 最终效果

# 3.4 去除街道人物元素

案例详解

去除人物操作是 Adobe Firefly 非常强大的功能，通过选取想要去除的人物，无须

关键词，此时 Firefly 将自动计算人物周围图像，可以完美地将不需要的人物图像元素去除。图像更改前后对比效果如图 3.18 所示。

图 3.18　图像更改前后对比效果

操作步骤

### 3.4.1　上传素材图像

01 在 Adobe Firefly 主页中单击【生成式填充】区域右下角的【生成】按钮，进入【生成式填充】页面。

02 在跳转的创意填充页面中单击【上传图像】按钮。

03 在【打开】对话框中选择"街道 .jpg"素材图像，单击【打开】按钮，如图 3.19所示。

图 3.19　上传图像

### 3.4.2  去除人物元素

**01** 单击页面底部的【设置】，在出现的选项中将【画笔大小】更改为 40%，将【画笔硬度】更改为 80%，如图 3.20 所示。

**02** 在人物图像位置单击数次，如图 3.21 所示。

图 3.20  更改画笔

图 3.21  涂抹人物图像区域

**03** 在页面底部文本框中不需要输入关键词，直接单击【生成】按钮，如图 3.22 所示。

图 3.22  不用输入文字

**04** 执行以上操作后即可看到去除人物元素后的效果，通过单击页面底部几个缩览图可以选择自己想要的效果，最终效果如图 3.23 所示。

图 3.23　最终效果

## 3.5　将人物手中红茶换成一束花

★ 案例详解

在本例中将人物手中的红茶换成花朵图像操作与去除人物元素操作类似，唯一不同之处在于，当选取红茶图像之后需要输入相应关键词才可以将红茶图像更换为花朵图像。图像更改前后对比效果如图 3.24 所示。

图 3.24　图像更改前后对比效果

操作步骤

### 3.5.1 打开素材图像

01 在 Adobe Firefly 主页中单击【生成式填充】区域右下角的【生成】按钮，进入【生成式填充】页面。

02 在跳转的创意填充页面中单击【上传图像】按钮。

03 在【打开】对话框中选择"红茶 .jpg"素材图像，单击【打开】按钮，如图 3.25 所示。

图 3.25　上传图像

### 3.5.2 去除红茶元素

01 单击页面底部的【设置】，在出现的选项中将【画笔大小】更改为 50%，将【画笔硬度】更改为 50%，如图 3.26 所示。

02 在红茶图像位置涂抹，如图 3.27 所示。

图 3.26　更改画笔

图 3.27　涂抹红茶区域

**03** 在页面底部文本框中输入"手中捧着一束鲜花"，再单击【生成】按钮，如图3.28
所示。

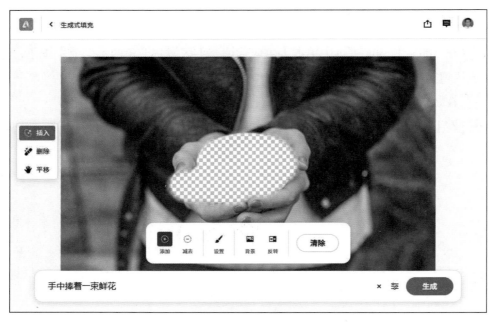

图 3.28　输入文字

**04** 执行以上操作后即可看到换图像后的效果，通过单击页面底部几个缩览图可
以选择自己想要的效果，最终效果如图3.29所示。

图 3.29　最终效果

## 3.6 去除公路中间的黄线

### ★ 案例详解

在本例操作过程中，需要选择合适的画笔大小，以便将公路中间的黄线图像完美选中，选中图像之后可以直接通过单击【生成】按钮来完成去除黄线操作。图像更改前后对比效果如图 3.30 所示。

图 3.30 图像更改前后对比效果

### 操作步骤

#### 3.6.1 上传素材图像

**01** 在 Adobe Firefly 主页中单击【生成式填充】区域右下角的【生成】按钮，进入【生成式填充】页面。

**02** 在跳转的创意填充页面中单击【上传图像】按钮。

**03** 在【打开】对话框中选择"公路.jpg"素材图像，单击【打开】按钮，如图 3.31 所示。

#### 3.6.2 擦除黄线

**01** 单击页面底部的【设置】，在出现的选项中将【画笔大小】更改为 30%，将【画笔硬度】更改为 100%，如图 3.32 所示。

**02** 在黄线图像位置涂抹，如图 3.33 所示。

图 3.31　上传图像

图 3.32　更改画笔

03 在页面底部单击【生成】按钮，这样即可看到去除黄线后的图像效果，最终效果如图 3.34 所示。

图 3.33　涂抹黄线区域

图 3.34　最终效果

# 3.7　创建夏日冷饮店环境

 案例详解

创建环境操作是 Adobe Firefly 的一个非常强大的功能。打开图像之后，通过去除

当前图像的背景，再输入指定的相关环境关键词，即可直接生成新的图像效果。图像更改前后对比效果如图 3.35 所示。

图 3.35　图像更改前后对比效果

✐ 操作步骤

### 3.7.1　添加素材图像

**01** 在 Adobe Firefly 主页中单击【生成式填充】区域右下角的【生成】按钮，进入【生成式填充】页面。

**02** 在跳转的创意填充页面中单击【上传图像】按钮。

**03** 在【打开】对话框中选择"西瓜汁 .jpg"素材图像，单击【打开】按钮，如图 3.36 所示。

图 3.36　上传图像

## 3.7.2 更改背景

**01** 单击页面底部的【背景】图标 ▨，将背景图像去除，如图 3.37 所示。

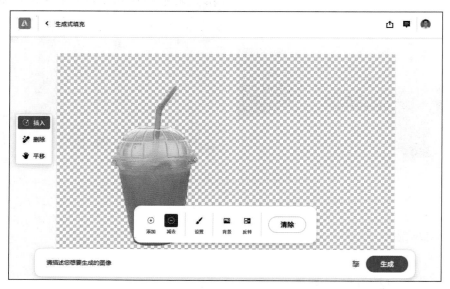

图 3.37　去除背景

**02** 在页面底部的文本框中输入"夏日冷饮店环境"，单击【生成】按钮，这样即可看到新的图像效果，如图 3.38 所示。

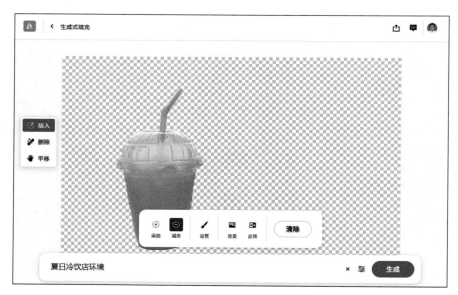

图 3.38　输入文本

**03** 单击页面右下角的【更多】按钮，可以生成更多的图像效果，通过单击缩览图可以选择效果最好的图像，最终效果如图 3.39 所示。

图 3.39　最终效果

## 3.8　创建中式用餐环境

★ 案例详解

本例中创建的中式用餐环境与上例创建的夏日冷饮店环境操作基本相同，区别在于对关键词的不同运用。图像更改前后对比效果如图 3.40 所示。

图 3.40　图像更改前后对比效果

📝 操作步骤

### 3.8.1　上传素材图像

01 在 Adobe Firefly 主页中单击【生成式填充】区域右下角的【生成】按钮，进入

【生成式填充】页面。

02 在跳转的创意填充页面中单击【上传图像】按钮。

03 在【打开】对话框中选择"面点 .jpg"素材图像，单击【打开】按钮，如图 3.41 所示。

图 3.41　上传图像

## 3.8.2　更改背景

01 单击页面底部的【背景】图标，将背景图像去除，如图 3.42 所示。

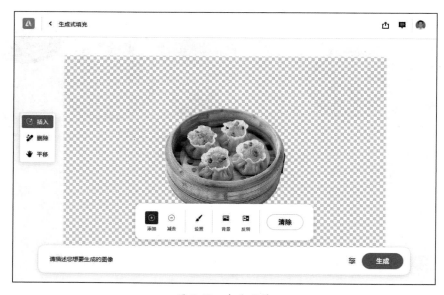

图 3.42　去除背景

**02** 在页面底部的文本框中输入"中式用餐环境"，单击【生成】按钮，这样即可看到新的图像效果，如图 3.43 所示。

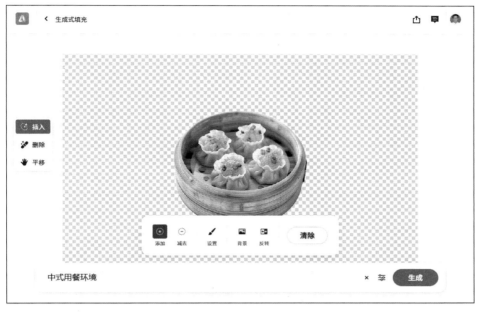

图 3.43　输入文本

**03** 单击页面右下角的【更多】按钮，可以生成更多的图像效果，通过单击缩览图可以选择效果最好的图像，最终效果如图 3.44 所示。

图 3.44　最终效果

# 3.9 为钱包更换款式

## ★ 案例详解

本例中为钱包更换款式操作比较简单，因为钱包的前后图像都是钱包的轮廓，只是更换了一种样式，所以依靠 Adobe Firefly 的强大功能可以直接更换一个全新的款式。图像更改前后对比效果如图 3.45 所示。

图 3.45 图像更改前后对比效果

## ✎ 操作步骤

### 3.9.1 打开素材图像

01 在 Adobe Firefly 主页中单击【生成式填充】区域右下角的【生成】按钮，进入【生成式填充】页面。

02 在跳转的创意填充页面中单击【上传图像】按钮。

03 在【打开】对话框中选择 "钱包 .jpg" 素材图像，单击【打开】按钮，如图 3.46 所示。

### 3.9.2 选中钱包区域

01 单击页面底部的【设置】，在出现的选项中将【画笔大小】更改为 50%，将【画笔硬度】更改为 50%，如图 3.47 所示。

02 在钱包图像位置涂抹，如图 3.48 所示。

图 3.46　上传图像

图 3.47　更改画笔

图 3.48　涂抹钱包区域

03 在页面底部的文本框中输入"换个全新款式钱包",单击【生成】按钮,如图 3.49 所示。

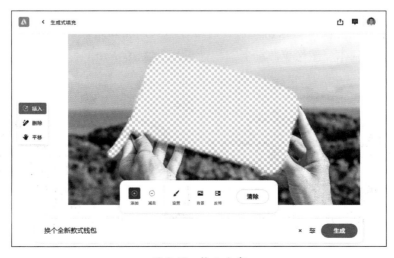

图 3.49　输入文字

**04** 执行以上操作后即可看到换图像后的效果，通过单击页面底部几个缩览图可以选择自己想要的效果，最终效果如图 3.50 所示。

图 3.50　最终效果

## 3.10　创建健身房环境

★ 案例详解

　　本例中创建健身房环境与之前的创建中式餐厅环境实例的操作过程相同，都是将图像中的背景去除，仅保留人物元素，再通过输入关键词为人物添加新的背景元素即可完成整体效果制作。图像更改前后对比效果如图 3.51 所示。

图 3.51　图像更改前后对比效果

操作步骤

### 3.10.1 上传素材图像

**01** 在 Adobe Firefly 主页中单击【生成式填充】区域右下角的【生成】按钮，进入【生成式填充】页面。

**02** 在跳转的创意填充页面中单击【上传图像】按钮。

**03** 在【打开】对话框中选择"健身.jpg"素材图像，单击【打开】按钮，如图 3.52 所示。

图 3.52　上传图像

### 3.10.2 去除背景生成新图像

**01** 单击页面底部的【背景】图标，将背景图像去除，如图 3.53 所示。

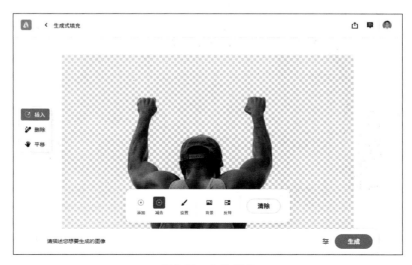

图 3.53　去除背景

**02** 在页面底部的文本框中输入"高档健身房环境"，单击【生成】按钮，这样即可看到新的图像效果，如图 3.54 所示。

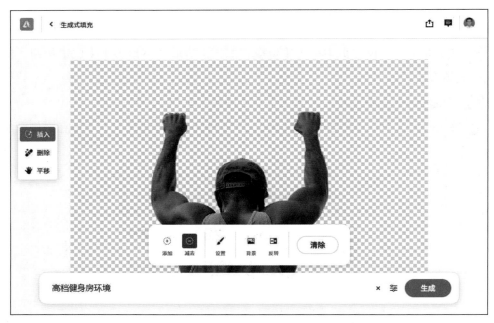

图 3.54　输入文本

**03** 单击页面右下角的【更多】按钮，可以生成更多的图像效果，通过单击缩览图可以选择效果最好的图像，最终效果如图 3.55 所示。

图 3.55　最终效果

# 3.11 去除水面不需要的物品

## 案例详解

当纯净的水面出现了其他元素，可以利用画笔在不需要的元素区域涂抹，再直接单击【生成】按钮即可去除不需要的元素。图像更改前后对比效果如图 3.56 所示。

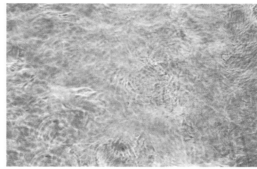

图 3.56　图像更改前后对比效果

## 操作步骤

### 3.11.1 将素材图像上传

01 在 Adobe Firefly 主页中单击【生成式填充】区域右下角的【生成】按钮，进入【生成式填充】页面。

02 在跳转的创意填充页面中单击【上传图像】按钮。

03 在【打开】对话框中选择"水面.jpg"素材图像，单击【打开】按钮，如图 3.57 所示。

### 3.11.2 对特定区域进行涂抹

01 单击页面底部的【设置】，在出现的选项中将【画笔大小】更改为 50%，将【画笔硬度】更改为 50%，如图 3.58 所示。

02 在不需要的物品图像位置涂抹，如图 3.59 所示。

图 3.57　上传图像

图 3.58　更改画笔

**03** 在页面底部单击【生成】按钮，通过单击页面底部几个缩览图可以选择自己想要的效果，最终效果如图 3.60 所示。

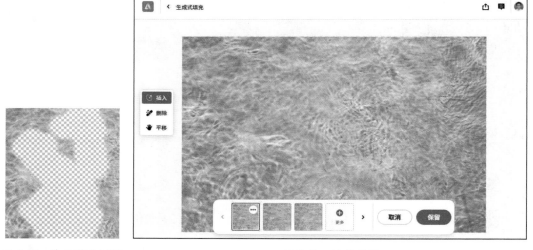

图 3.59　涂抹图像区域　　　　　　　　　　图 3.60　最终效果

# 3.12　去除风景中的人物

★ 案例详解

　　人物去除的操作与元素去除的操作非常类似，只需要将不想要的人物图像选取，再单击【生成】按钮即可去除。图像更改前后对比效果如图 3.61 所示。

图 3.61　图像更改前后对比效果

操作步骤

### 3.12.1　将素材图像上传

**01** 在 Adobe Firefly 主页中单击【生成式填充】区域右下角的【生成】按钮，进入【生成式填充】页面。

**02** 在跳转的创意填充页面中单击【上传图像】按钮。

**03** 在【打开】对话框中选择"山脉 .jpg"素材图像，单击【打开】按钮，如图 3.62 所示。

图 3.62　上传图像

### 3.12.2　涂抹特定区域

**01** 单击页面底部的【设置】，在出现的选项中将【画笔大小】更改为 50%，将【画笔硬度】更改为 50%，如图 3.63 所示。

02 在人物图像位置涂抹，如图 3.64 所示。

图 3.63　更改画笔

图 3.64　涂抹图像区域

03 在页面底部单击【生成】按钮，通过单击页面底部几个缩览图可以选择自己想要的效果，最终效果如图 3.65 所示。

图 3.65　最终效果

# 3.13　为草原添加牛羊元素

添加元素的原理与去除元素的原理基本相同，区别在于在进行去除元素操作时，

只需要在不想要的元素区域涂抹，直接单击【生成】按钮即可，而添加元素在涂抹之后需要添加相应关键词。图像更改前后对比效果如图 3.66 所示。

图 3.66　图像更改前后对比效果

✍ 操作步骤

### 3.13.1　打开素材图像

01 在 Adobe Firefly 主页中单击【生成式填充】区域右下角的【生成】按钮，进入【生成式填充】页面。

02 在跳转的创意填充页面中单击【上传图像】按钮。

03 在【打开】对话框中选择"草原.jpg"素材图像，单击【打开】按钮，如图 3.67 所示。

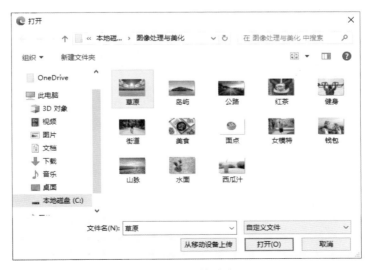

图 3.67　上传图像

### 3.13.2 选中图像区域

**01** 单击页面底部的【设置】，在出现的选项中将【画笔大小】更改为 50%，将【画笔硬度】更改为 50%，如图 3.68 所示。

**02** 在部分位置涂抹，如图 3.69 所示。

图 3.68　更改画笔

图 3.69　涂抹图像区域

**03** 在页面底部的文本框中输入"一群牛羊"，再单击【生成】按钮，如图 3.70 所示。

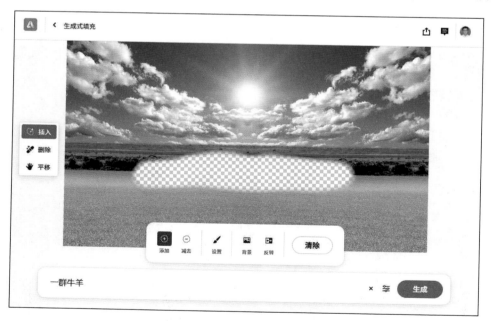

图 3.70　输入文字

**04** 执行以上操作后即可看到添加牛羊后的效果，通过单击页面底部几个缩览图可以选择自己想要的效果，最终效果如图 3.71 所示。

图 3.71　最终效果

## 3.14　为公园长椅添加一束花

案例详解

　　为原有图像添加元素的操作与去除元素的操作类似，都是在特定的区域对图像进行涂抹，再添加相应关键词即可完成图像元素的添加操作。图像更改前后对比效果如图 3.72 所示。

图 3.72　图像更改前后对比效果

**操作步骤**

### 3.14.1 上传素材图像

**01** 在 Adobe Firefly 主页中单击【生成式填充】区域右下角的【生成】按钮，进入【生成式填充】页面。

**02** 在跳转的创意填充页面中单击【上传图像】按钮。

**03** 在【打开】对话框中选择"椅子.jpg"素材图像，单击【打开】按钮，如图 3.73 所示。

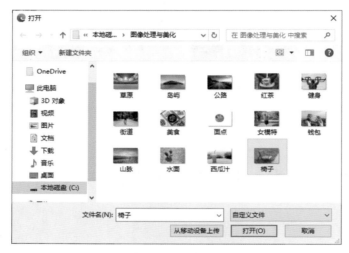

图 3.73　上传图像

### 3.14.2 选中部分图像

**01** 单击页面底部的【设置】，在出现的选项中将【画笔大小】更改为 50%，将【画笔硬度】更改为 50%，如图 3.74 所示。

**02** 在椅子位置涂抹，如图 3.75 所示。

**03** 在页面底部的文本框中输入"放上一束花"，再单击【生成】按钮，如图 3.76 所示。

图 3.74　更改画笔

图 3.75　涂抹图像区域

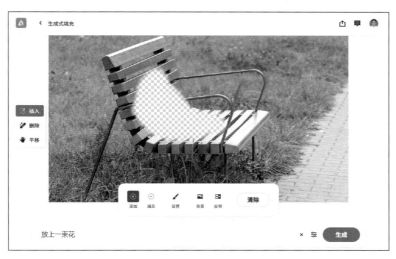

图 3.76 输入文字

**04** 执行以上操作后即可看到添加花朵后的效果，通过单击页面底部几个缩览图可以选择自己想要的效果，最终效果如图 3.77 所示。

图 3.77 最终效果

# 3.15 给小狗戴上一顶帽子

 案例详解

给小狗戴上一顶帽子的操作与之前为草原添加牛羊以及为长椅添加花朵的操作基本

相同，而不相同的地方在于需要指定不同的关键词。图像更改前后对比效果如图 3.78 所示。

图 3.78　图像更改前后对比效果

操作步骤

### 3.15.1　上传素材图像

01 在 Adobe Firefly 主页中单击【生成式填充】区域右下角的【生成】按钮，进入【生成式填充】页面。

02 在跳转的创意填充页面中单击【上传图像】按钮。

03 在【打开】对话框中选择"小狗 .jpg"素材图像，单击【打开】按钮，如图 3.79 所示。

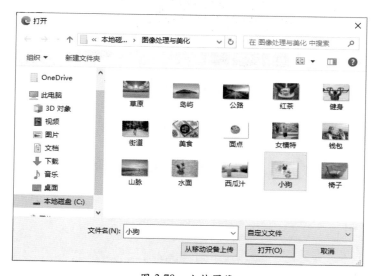

图 3.79　上传图像

## 3.15.2 涂抹特定区域

**01** 单击页面底部的【设置】，在出现的选项中将【画笔大小】更改为 30%，将【画笔硬度】更改为 50%，如图 3.80 所示。

**02** 在小狗头部区域涂抹，如图 3.81 所示。

图 3.80 更改画笔

图 3.81 涂抹图像区域

**03** 在页面底部的文本框中输入"戴上一顶帽子"，再单击【生成】按钮，如图 3.82所示。

图 3.82 输入文字

**04** 执行以上操作后即可看到小狗戴上帽子之后的效果，通过单击页面底部几个缩览图可以选择自己想要的效果，或者单击【更多】按钮生成更多效果进行选择，最终效果如图 3.83 所示。

图 3.83　最终效果

# 3.16　为包包更换颜色

 案例详解

在为包包更换颜色的操作过程中，在使用画笔对包包图像进行涂抹之后，在文本框中输入相应关键词即可完成更换颜色操作。图像更改前后对比效果如图 3.84 所示。

图 3.84　图像更改前后对比效果

### 3.16.1 添加素材图像

**01** 在 Adobe Firefly 主页中单击【生成式填充】区域右下角的【生成】按钮，进入【生成式填充】页面。

**02** 在跳转的创意填充页面中单击【上传图像】按钮。

**03** 在【打开】对话框中选择"红色包包 .jpg"素材图像，单击【打开】按钮，如图 3.85 所示。

图 3.85 上传图像

### 3.16.2 生成全新图像

**01** 单击页面底部的【设置】，在出现的选项中将【画笔大小】更改为 50%，将【画笔硬度】更改为 50%，如图 3.86 所示。

**02** 在包包区域涂抹，如图 3.87 所示。

**03** 在页面底部的文本框中输入"换个颜色"，再单击【生成】按钮，如图 3.88 所示。

图 3.86 更改画笔

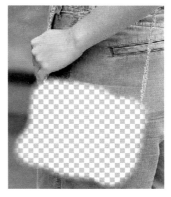

图 3.87 涂抹图像区域

图 3.88　输入文字

**04** 执行以上操作后即可看到包包更换颜色之后的效果，通过单击页面底部几个缩览图可以选择自己想要的效果，或者单击【更多】按钮生成更多效果进行选择，最终效果如图 3.89 所示。

图 3.89　最终效果

## 3.17　给熊猫喂食竹子

### 案例详解

　　本例素材图像中的熊猫非常可爱，通过在其嘴巴位置进行涂抹，并添加竹子关键词即可生成给熊猫喂食竹子的效果。图像更改前后对比效果如图 3.90 所示。

图 3.90　图像更改前后对比效果

### 操作步骤

#### 3.17.1　打开素材图像

　　01 在 Adobe Firefly 主 页中单击【生成式填充】区域右下角的【生成】按钮，进入【生成式填充】页面。

　　02 在跳转的创意填充页面中单击【上传图像】按钮。

　　03 在【打开】对话框中选择"熊猫 .jpg"素材图像，单击【打开】按钮，如图 3.91所示。

图 3.91　上传图像

## 3.17.2 在部分区域涂抹

**01** 单击页面底部的【设置】，在出现的选项中将【画笔大小】更改为 50%，将【画笔硬度】更改为 50%，如图 3.92 所示。

**02** 在嘴巴区域涂抹，如图 3.93 所示。

图 3.92　更改画笔　　　　　　　　图 3.93　涂抹图像区域

**03** 在页面底部的文本框中输入"正在吃竹叶"，再单击【生成】按钮，如图 3.94 所示。

图 3.94　输入文字

**04** 执行以上操作后即可看到给熊猫喂食竹子的效果，通过单击页面底部几个缩览图可以选择自己想要的效果，或者单击【更多】按钮生成更多效果进行选择，最终效果如图 3.95 所示。

图 3.95　最终效果

## 3.18　天空飘浮着很多热气球

案例详解

　　本例原图中仅有一个热气球，通过在其他干净的天空区域涂抹，并输入相应关键词即可生成天空飘浮着很多热气球的图像效果。图像更改前后对比效果如图 3.96 所示。

图 3.96　图像更改前后对比效果

✎ 操作步骤

### 3.18.1 打开素材图像

**01** 在 Adobe Firefly 主页中单击【生成式填充】区域右下角的【生成】按钮，进入【生成式填充】页面。

**02** 在跳转的创意填充页面中单击【上传图像】按钮。

**03** 在【打开】对话框中选择"热气球 .jpg"素材图像，单击【打开】按钮，如图 3.97 所示。

图 3.97　上传图像

### 3.18.2 对部分区域进行涂抹

**01** 单击页面底部的【设置】，在出现的选项中将【画笔大小】更改为 50%，将【画笔硬度】更改为 50%，如图 3.98 所示。

**02** 在天空区域涂抹，如图 3.99 所示。

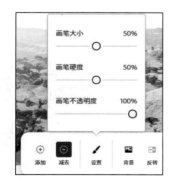

图 3.98　更改画笔

图 3.99　涂抹图像区域

**03** 在页面底部的文本框中输入"飘浮着一些热气球",再单击【生成】按钮,如图 3.100 所示。

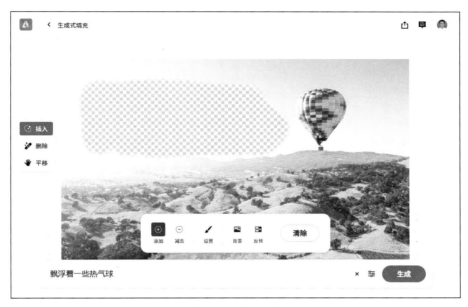

图 3.100　输入文字

**04** 执行以上操作后即可看到添加热气球的效果,通过单击页面底部几个缩览图可以选择自己想要的效果,或者单击【更多】按钮生成更多效果进行选择,最终效果如图 3.101 所示。

图 3.101　最终效果

# 3.19 创建办公桌环境

### 案例详解

　　创建环境类的实例操作比较简单，在本例中通过选中主要元素，并输入相应关键词即可完成创建办公桌环境的操作。图像更改前后对比效果如图 3.102 所示。

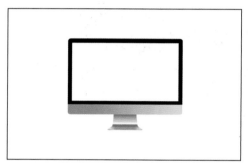 

图 3.102　图像更改前后对比效果

### 操作步骤

## 3.19.1 上传素材图像

　　**01** 在 Adobe Firefly 主页中单击【生成式填充】区域右下角的【生成】按钮，进入【生成式填充】页面。

　　**02** 在跳转的创意填充页面中单击【上传图像】按钮。

　　**03** 在【打开】对话框中选择"电脑 .jpg"素材图像，单击【打开】按钮，如图 3.103 所示。

图 3.103　上传图像

## 3.19.2 去除背景生成新图像

**01** 单击页面底部的【背景】图标🌄，将背景图像去除，如图 3.104 所示。

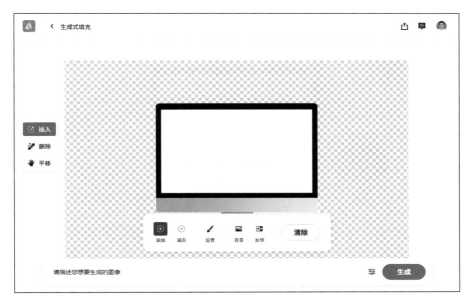

图 3.104　去除背景

**02** 在页面底部的文本框中输入"干净的办公桌环境"，单击【生成】按钮，这样即可看到新的图像效果，如图 3.105 所示。

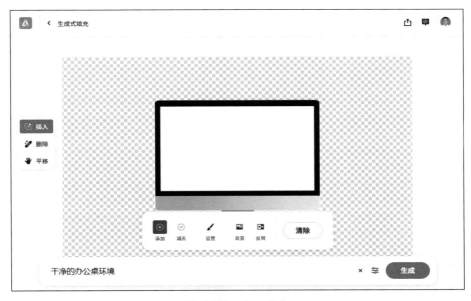

图 3.105　输入文本

**03** 单击页面右下角的【更多】按钮，可以生成更多的图像效果，通过单击缩览图可以选择效果最好的图像，最终效果如图 3.106 所示。

图 3.106　最终效果

# 3.20　打造紧张刺激的越野图像

★ 案例详解

在本章的某些实例中，其制作重点在于关键词的运用。本例将图像的背景去除之后，再输入相应关键词即可完成制作。图像更改前后对比效果如图 3.107 所示。

图 3.107　图像更改前后对比效果

### 3.20.1 上传素材图像

01 在 Adobe Firefly 主页中单击【生成式填充】区域右下角的【生成】按钮，进入【生成式填充】页面。

02 在跳转的创意填充页面中单击【上传图像】按钮。

03 在【打开】对话框中选择"越野车.jpg"素材图像，单击【打开】按钮，如图 3.108 所示。

图 3.108　上传图像

### 3.20.2 去除原有背景生成新图像

01 单击页面底部的【背景】图标，将背景图像去除，如图 3.109 所示。

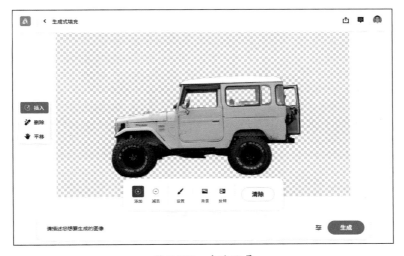

图 3.109　去除背景

**02** 在页面底部的文本框中输入"紧张刺激的越野场地",单击【生成】按钮,这样即可看到新的图像效果,如图 3.110 所示。

图 3.110　输入文本

**03** 单击页面右下角的【更多】按钮,可以生成更多的图像效果,通过单击缩览图可以选择效果最好的图像,最终效果如图 3.111 所示。

图 3.111　最终效果

# 3.21 制作美丽的极光图像

**案例详解**

在制作美丽的极光图像过程中，首先利用画笔笔触在天空部分区域进行涂抹，再输入对应的关键词即可完成整体效果制作。图像更改前后对比效果如图 3.112 所示。

图 3.112　图像更改前后对比效果

**操作步骤**

## 3.21.1 上传素材图像

**01** 在 Adobe Firefly 主页中单击【生成式填充】区域右下角的【生成】按钮，进入【生成式填充】页面。

**02** 在跳转的创意填充页面中单击【上传图像】按钮。

**03** 在【打开】对话框中选择"北方.jpg"素材图像，单击【打开】按钮，如图 3.113 所示。

图 3.113　上传图像

### 3.21.2　添加极光元素

**01** 单击页面底部的【设置】，在出现的选项中将【画笔大小】更改为50%，将【画笔硬度】更改为50%，如图3.114所示。

**02** 在天空区域涂抹，如图3.115所示。

图3.114　更改画笔

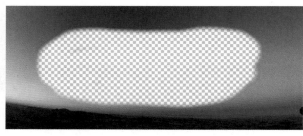

图3.115　涂抹图像区域

**03** 在页面底部文本框中输入"美丽的极光图像"，再单击【生成】按钮，如图3.116所示。

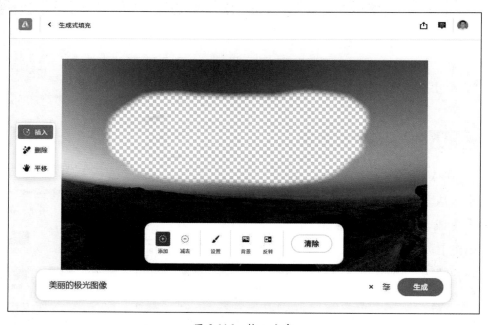

图3.116　输入文字

**04** 执行以上操作后即可看到添加极光的效果，通过单击页面底部几个缩览图可以选择自己想要的效果，或者单击【更多】按钮生成更多效果进行选择，最终效果如图3.117所示。

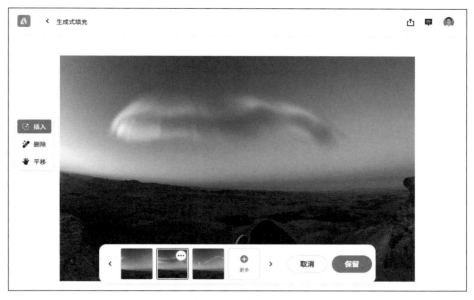

图 3.117　最终效果

## 3.22　创建漂亮的西餐环境

　　本例中创建漂亮的西餐环境操作与之前的创建环境实例操作有些类似，将不需要的元素背景去除，仅保留主体图像，再输入相应的关键词即可完成创建过程。图像更改前后对比效果如图 3.118 所示。

图 3.118　图像更改前后对比效果

### 操作步骤

#### 3.22.1 添加新图像

**01** 在 Adobe Firefly 主页中单击【生成式填充】区域右下角的【生成】按钮，进入【生成式填充】页面。

**02** 在跳转的创意填充页面中单击【上传图像】按钮。

**03** 在【打开】对话框中选择"红酒.jpg"素材图像，单击【打开】按钮，如图 3.119 所示。

图 3.119　上传图像

#### 3.22.2 去除原背景生成新图像

**01** 单击页面底部的【背景】图标 ，将背景图像去除，如图 3.120 所示。

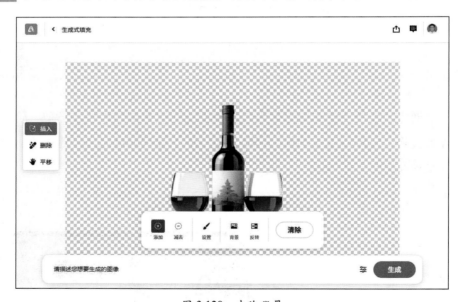

图 3.120　去除背景

**02** 在页面底部的文本框中输入"高档的西餐厅"，单击【生成】按钮，这样即可看到新的图像效果，如图 3.121 所示。

**03** 单击页面右下角的【更多】按钮，可以生成更多的图像效果，通过单击缩览图可以选择效果最好的图像，最终效果如图 3.122 所示。

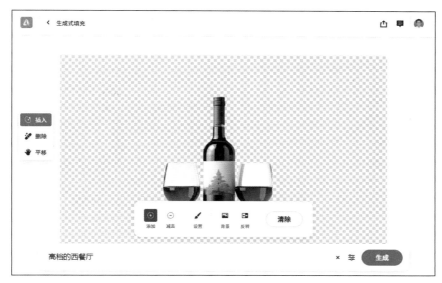

图 3.121 输入文本

图 3.122 最终效果

## 3.23 打造惊艳的冲浪图像

 案例详解

本例中的原图人物图像背景为纯白色，因此在去除背景的操作过程中比较简单，

将背景去除之后仅保留主体人物图像,再输入相应关键词即可打造出惊艳的冲浪图像。图像更改前后对比效果如图 3.123 所示。

图 3.123　图像更改前后对比效果

操作步骤

### 3.23.1　添加素材图像

01 在 Adobe Firefly 主页中单击【生成式填充】区域右下角的【生成】按钮,进入【生成式填充】页面。

02 在跳转的创意填充页面中单击【上传图像】按钮。

03 在【打开】对话框中选择"冲浪者 .jpg"素材图像,单击【打开】按钮,如图 3.124 所示。

图 3.124　上传图像

## 3.23.2 去除背景生成新图像

01 单击页面底部的【背景】图标▨，将背景图像去除，如图 3.125 所示。

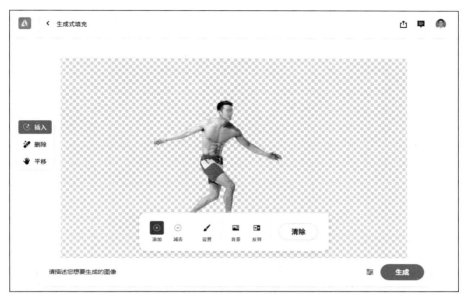

图 3.125 去除背景

02 在页面底部的文本框中输入"惊艳的冲浪场景"，单击【生成】按钮，这样即可看到新的图像效果，如图 3.126 所示。

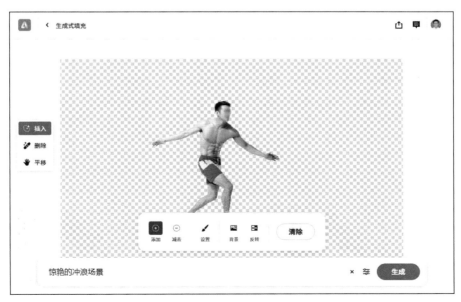

图 3.126 输入文本

03 单击页面右下角的【更多】按钮，可以生成更多的图像效果，通过单击缩览图可以选择效果最好的图像，最终效果如图 3.127 所示。

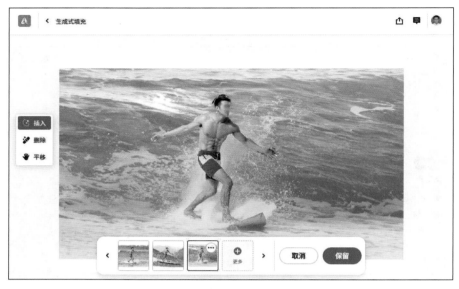

图 3.127　最终效果

## 3.24　为鞋子图像添加装饰

本例原图中只有一个鞋盒与一双鞋子，预留出了一半的空白区域，通过利用画笔在空白区域涂抹，再输入相应关键词即可完成为鞋子图像添加装饰的操作。图像更改前后对比效果如图 3.128 所示。

图 3.128　图像更改前后对比效果

操作步骤

## 3.24.1  上传素材图像

**01** 在 Adobe Firefly 主页中单击【生成式填充】区域右下角的【生成】按钮，进入【生成式填充】页面。

**02** 在跳转的创意填充页面中单击【上传图像】按钮。

**03** 在【打开】对话框中选择"鞋子 .jpg"素材图像，单击【打开】按钮，如图 3.129 所示。

图 3.129　上传图像

## 3.24.2  对图像进行涂抹

**01** 单击页面底部的【设置】，在出现的选项中将【画笔大小】更改为 50%，将【画笔硬度】更改为 50%，如图 3.130 所示。

**02** 在鞋子左侧区域涂抹，如图 3.131 所示。

**03** 在页面底部的文本框中输入"一只足球"，再单击【生成】按钮，如图 3.132 所示。

图 3.130　更改画笔

图 3.131　涂抹图像区域

图 3.132　输入文字

04 执行以上操作后即可看到添加足球图像的效果，通过单击页面底部几个缩览图可以选择自己想要的效果，或者单击【更多】按钮生成更多效果进行选择，最终效果如图 3.133 所示。

图 3.133　最终效果

## 3.25 为人物更换一副墨镜

★ 案例详解

本例原图中的人物戴着一副墨镜，通过利用画笔在其墨镜上涂抹，再输入特定关键词即可完成更换墨镜的操作。图像更改前后对比效果如图 3.134 所示。

图 3.134　图像更改前后对比效果

操作步骤

### 3.25.1　上传素材图像

**01** 在 Adobe Firefly 主页中单击【生成式填充】区域右下角的【生成】按钮，进入【生成式填充】页面。

**02** 在跳转的创意填充页面中单击【上传图像】按钮。

**03** 在【打开】对话框中选择"墨镜帅哥 .jpg"素材图像，单击【打开】按钮，如图 3.135 所示。

图 3.135　上传图像

## 3.25.2 更换墨镜图像

01 单击页面底部的【设置】，在出现的选项中将【画笔大小】更改为 20%，将【画笔硬度】更改为 50%，如图 3.136 所示。

02 在墨镜区域涂抹，如图 3.137 所示。

图 3.136 更改画笔

图 3.137 涂抹图像区域

03 在页面底部的文本框中输入"换个墨镜"，再单击【生成】按钮，如图 3.138 所示。

图 3.138 输入文字

04 执行以上操作后即可看到人物更换墨镜后的图像效果，通过单击页面底部几个缩览图可以选择自己想要的效果，或者单击【更多】按钮生成更多效果进行选择，最终效果如图 3.139 所示。

图 3.139　最终效果

第**4**章

# Firefly 扩展——
# Express 艺术字制作

## 本章介绍

本章讲解 Firefly 扩展——Express 艺术字制作。
Express 艺术字制作是 Firefly 的扩展功能，它在艺
术字制作方面功能十分强大，通过指定关键词可以直
接生成想要的艺术字效果。本章列举了如生成美味面
包字、制作火焰文字、生成漂亮的花卉字、制作质感
金属字、制作光滑的气球文字、生成美味的姜饼字及
生成细腻的素描文字等案例。通过对本章内容的学习，
读者可以掌握 Express 艺术字制作的相关知识。

## 要点

- ★ 学习生成美味面包字
- ★ 学会制作火焰文字
- ★ 掌握生成漂亮的花卉字
- ★ 学会制作质感金属字
- ★ 学会制作光滑的气球文字
- ★ 掌握生成美味的姜饼字
- ★ 学习生成细腻的素描文字

# 4.1 生成美味面包字

## 案例详解

一种用五谷磨粉制作并加热而制成的食品，这种食品经过烘烤之后会生成漂亮的纹理。本例中的面包字在生成过程中，可以直接通过输入关键词获取漂亮的艺术字效果。文字效果如图 4.1 所示。

美味面包

图 4.1　文字效果

## 操作步骤

### 4.1.1　输入关键词

**01** 在 Adobe Firefly 主页中单击【生成模板】区域，进入【Adobe Express】页面。

**02** 在跳转的【Adobe Express】页面中单击【生成式 AI】按钮 。

**03** 在页面下方的【文字效果】区域的文本框中输入"美味可口的面包字"，完成之后单击【生成】按钮，如图 4.2 所示。

图 4.2　添加关键词

## 4.1.2 生成文字效果

在生成页面中的右侧文字区域双击，更改文字信息，这样就完成了效果制作，最终效果如图 4.3 所示。

图 4.3 最终效果

## 4.2 制作火焰文字

**案例详解**

火焰指火灼热发光的气化部分。火焰的纹理清晰，质感明显，通过输入关键词并更改相应的主体文字信息即可生成漂亮的火焰文字效果。文字效果如图 4.4 所示。

图 4.4 文字效果

**操作步骤**

### 4.2.1 输入关键词

**01** 在 Adobe Firefly 主页中单击【生成模板】区域，进入【Adobe Express】页面。

**02** 在跳转的【Adobe Express】页面中单击【生成式 AI】按钮。

**03** 在页面下方的【文字效果】区域的文本框中输入"燃烧的火焰文字"，完成之后单击【生成】按钮，如图 4.5 所示。

图 4.5 添加关键词

## 4.2.2　选择文本效果

**01** 在生成页面中的右侧文字区域双击，更改文字信息，如图4.6所示。

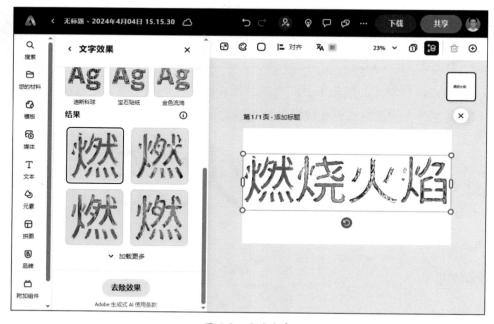

图 4.6　更改文字

**02** 在【自定义文本样式】中选择【松散】，如图4.7所示。

图 4.7　更改自定义文本样式

**03** 在【结果】中选择一种自己想要的火焰文字效果，这样就完成了效果制作，最终效果如图4.8所示。

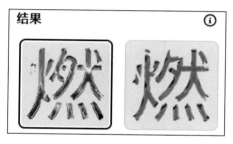

图 4.8　最终效果

图 4.8　最终效果（续）

## 4.3　生成漂亮的花卉字

案例详解

花卉的视觉效果非常漂亮，人们通常以花朵来表现美好的事物。漂亮的花卉字可以单独使用，还可以与其他图像相搭配使用。文字效果如图 4.9 所示。

图 4.9　文字效果

操作步骤

### 4.3.1　输入关键词

01 在 Adobe Firefly 主页中单击【生成模板】区域，进入【Adobe Express】页面。

02 在跳转的【Adobe Express】页面中单击【生成式 AI】按钮 👩。

03 在页面下方的【文字效果】区域的文本框中输入"漂亮的花卉字"，完成之后单击【生成】按钮，如图 4.10 所示。

图 4.10　添加关键词

选择文本效果

**01** 在生成页面中的右侧文字区域双击，更改文字信息，如图 4.11 所示。

图 4.11　更改文字

**02** 在【自定义文本样式】中选择【松散】，如图 4.12 所示。

图 4.12　更改自定义文本样式

**03** 在【效果示例】中单击【查看全部】，在出现的选项中选择【花卉】中的【粉色牡丹】，这样就完成了效果制作，最终效果如图 4.13 所示。

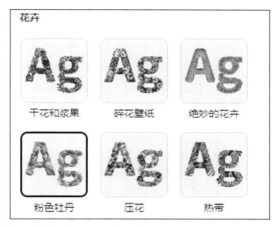

图 4.13　最终效果

# 4.4 制作质感金属字

**案例详解**

金属质感的应用十分广泛，无论是在工业风的图像中还是游戏画面，这种金属纹理都十分常见。在本例中，通过输入关键词并调整文本样式结构，可以直接生成漂亮的金属字效果。文字效果如图 4.14 所示。

图 4.14　文字效果

**操作步骤**

## 4.4.1　输入关键词

**01** 在 Adobe Firefly 主页中单击【生成模板】区域，进入【Adobe Express】页面。

**02** 在跳转的【Adobe Express】页面中单击【生成式 AI】按钮 。

**03** 在页面下方的【文字效果】区域的文本框中输入"超强的金属质感文字"，完成之后单击【生成】按钮，如图 4.15 所示。

图 4.15　添加关键词

### 4.4.2 更改定义样式

**01** 在生成页面中的右侧文字区域双击，更改文字信息，如图 4.16 所示。

图 4.16 更改文字

**02** 在【自定义文本样式】中选择【松散】，如图 4.17 所示。

图 4.17 更改自定义文本样式

**03** 在【结果】中选择一款自己想要的金属字样式，这样就完成了效果制作，最终效果如图 4.18 所示。

图 4.18 最终效果

图 4.18　最终效果（续）

## 4.5　制作光滑的气球文字

### 案例详解

气球的表面比较光滑细腻，彩色的气球表面效果非常漂亮，通过输入相应的关键词可以生成漂亮的气球文字。文字效果如图 4.19 所示。

图 4.19　文字效果

### 操作步骤

#### 4.5.1　添加关键词

01 在 Adobe Firefly 主页中单击【生成模板】区域，进入【Adobe Express】页面。

**02** 在跳转的【Adobe Express】页面中单击【生成式 AI】按钮🎨。

**03** 在页面下方的【文字效果】区域的文本框中输入"光滑的气球文字"，完成之后单击【生成】按钮，如图 4.20 所示。

图 4.20　添加关键词

## 4.5.2　选择文本样式

**01** 在生成页面中的右侧文字区域双击，更改文字信息，如图 4.21 所示。

图 4.21　更改文字

**02** 在【自定义文本样式】中选择【松散】，如图 4.22 所示。

图 4.22　更改自定义文本样式

**03** 在【结果】中选择一款自己想要的气球纹理，这样就完成了效果制作，最终效果如图 4.23 所示。

图 4.23　最终效果

# 4.6 生成美味的姜饼字

**案例详解**

姜饼是源自于国外的一种薄而脆的饼，姜饼的造型非常可爱，其颜色为棕色。在本例中，通过输入相应的关键词即可生成漂亮的姜饼字效果。文字效果如图 4.24 所示。

图 4.24 文字效果

**操作步骤**

## 4.6.1 输入关键词

**01** 在 Adobe Firefly 主页中单击【生成模板】区域，进入【Adobe Express】页面。

**02** 在跳转的【Adobe Express】页面中单击【生成式 AI】按钮 ⌖。

**03** 在页面下方的【文字效果】区域的文本框中输入 "美味的姜饼字"，完成之后单击【生成】按钮，如图 4.25 所示。

图 4.25 添加关键词

## 4.6.2　更改文本样式

**01** 在生成的页面中的右侧文字区域双击，更改文字信息，如图 4.26 所示。

图 4.26　更改文字

**02** 在【自定义文本样式】中选择【松散】，如图 4.27 所示。

图 4.27　更改自定义文本样式

**03** 在【结果】中选择一款自己想要的姜饼字样式，这样就完成了效果制作，最终效果如图 4.28 所示。

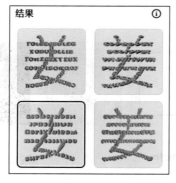

图 4.28　最终效果

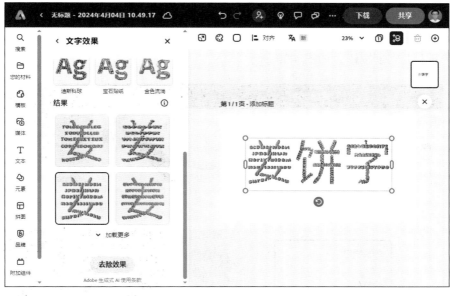

图 4.28  最终效果（续）

# 4.7  生成细腻的素描文字

★ 案例详解

素描是使用相对单一的色彩，借助明度变化来表现对象的绘画方式。素描的视觉效果显得非常"素"，因此这也是一种单色的纹理。本例中的素描文字效果如图 4.29 所示。

图 4.29  文字效果

操作步骤

## 4.7.1  进入生成页

**01** 在 Adobe Firefly 主页中单击【生成模板】区域，进入【Adobe Express】页面。

02 在跳转的【Adobe Express】页面中单击【生成式 AI】按钮 🔂。

03 在页面下方的【文字效果】区域的文本框中输入"细腻的素描文字",完成之后单击【生成】按钮,如图 4.30 所示。

图 4.30  添加关键词

## 4.7.2  选择制作效果

01 在生成的页面中的右侧文字区域双击,更改文字信息,如图 4.31 所示。

图 4.31  更改文字

**02** 在【自定义文本样式】中选择【紧致】，如图 4.32 所示。

**03** 在【风格】中选择【铅笔素描】，如图 4.33 所示。

图 4.32　更改自定义文本样式

图 4.33　选择风格

**04** 在【效果示例】中单击【查看全部】，在出现的选项中选择【绘画】中的【黑板】，这样就完成了效果制作，最终效果如图 4.34 所示。

图 4.34　最终效果

# 4.8 生成抽象烟雾文字

## 案例详解

烟雾的视觉效果相当漂亮。本例中的烟雾文字呈现出一种虚无缥缈的视觉效果，蓝色的烟雾效果也给文字增添了几分科技色彩。文字效果如图 4.35 所示。

图 4.35　文字效果

## 操作步骤

### 4.8.1　打开生成页

01 在 Adobe Firefly 主页中单击【生成模板】区域，进入【Adobe Express】页面。

02 在跳转的【Adobe Express】页面中单击【生成式 AI】按钮。

03 在页面下方的【文字效果】区域的文本框中输入"烟雾缭绕的文字"，完成之后单击【生成】按钮，如图 4.36 所示。

图 4.36　添加关键词

## 4.8.2 选择文本样式

**01** 在生成的页面中的右侧文字区域双击，更改文字信息，如图 4.37 所示。

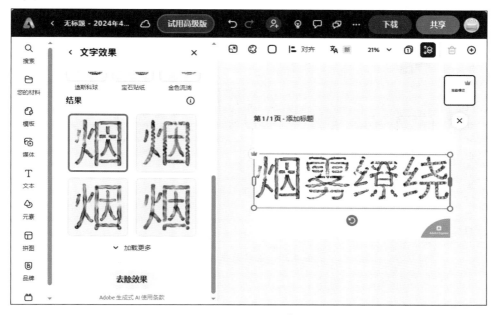

图 4.37　更改文字

**02** 在【自定义文本样式】中选择【松散】，如图 4.38 所示。

图 4.38　更改自定义文本样式

**03** 在【效果示例】中单击【查看全部】，在出现的选项中选择【抽象】中的【蓝烟】，这样就完成了效果制作，最终效果如图 4.39 所示。

图 4.39　最终效果

图 4.39  最终效果（续）

# 4.9  制作木质文字

　　木质文字以漂亮的木头纹理为主，其质感明显，视觉效果非常显著。本例中的文字通过输入相对应的关键词并选择自定义的文本样式，即可完成文字效果生成。文字效果如图 4.40 所示。

图 4.40  文字效果

操作步骤

## 4.9.1  添加关键词

**01** 在 Adobe Firefly 主页中单击【生成模板】区域，进入【Adobe Express】页面。

**02** 在跳转的【Adobe Express】页面中单击【生成式 AI】按钮🎨。

**03** 在页面下方的【文字效果】区域的文本框中输入"木质纹理文字"，完成之后单击【生成】按钮，如图 4.41 所示。

图 4.41　添加关键词

## 4.9.2　选择制作效果

01 在生成页面中的右侧文字区域双击，更改文字信息，如图 4.42 所示。

图 4.42　更改文字

**02** 在【自定义文本样式】中选择【中等】，如图 4.43 所示。

**03** 在【效果示例】中单击【查看全部】，在出现的选项中选择【自然】中的【木质】，如图 4.44 所示。

图 4.43　更改自定义文本样式

图 4.44　选择纹理

**04** 在【结果】中选择一款自己想要的木质纹理样式，这样就完成了效果制作，最终效果如图 4.45 所示。

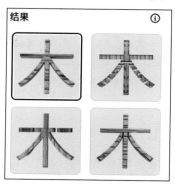

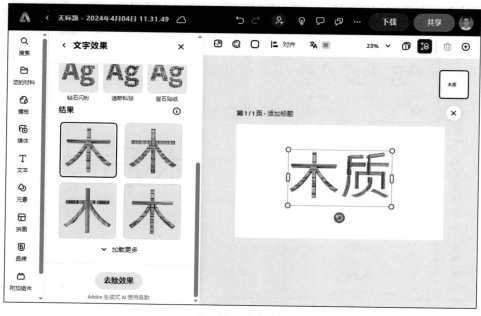

图 4.45　最终效果

## 4.10　生成彩虹色毛绒纹理字

**案例详解**

毛绒纹理的表现重点在于其细腻而柔和的毛绒质感，彩虹色的毛绒纹理使得整体文字带有明显的色彩效果。文字效果如图 4.46 所示。

**毛绒纹理**

图 4.46　文字效果

**操作步骤**

### 4.10.1　打开生成页

**01** 在 Adobe Firefly 主页中单击【生成模板】区域，进入【Adobe Express】页面。

**02** 在跳转的【Adobe Express】页面中单击【生成式 AI】按钮。

**03** 在页面下方的【文字效果】区域的文本框中输入"彩虹色毛绒纹理字"，完成之后单击【生成】按钮，如图 4.47 所示。

图 4.47　添加关键词

## 4.10.2 选择制作效果

01 在生成的页面中的右侧文字区域双击，更改文字信息，如图 4.48 所示。

图 4.48　更改文字

02 在【自定义文本样式】中选择【松散】，如图 4.49 所示。

图 4.49　更改自定义文本样式

03 在【效果示例】中单击【查看全部】，在出现的选项中选择【动物】中的【彩虹毛皮】，这样就完成了效果制作，最终效果如图 4.50 所示。

图 4.50　最终效果

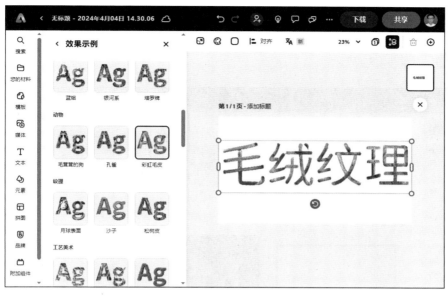

图 4.50　最终效果（续）

## 4.11　生成街头涂鸦字

### 案例详解

　　涂鸦是一种视觉字体设计艺术。涂鸦内容包括很多，主要以变形英文字体为主。涂鸦具有明显的艺术化风格，随意地表达思想和观念，整体的文字效果特征明确。文字效果如图 4.51 所示。

图 4.51　文字效果

### 操作步骤

#### 4.11.1　输入关键词

**01** 在 Adobe Firefly 主页中单击【生成模板】区域，进入【Adobe Express】页面。

02 在跳转的【Adobe Express】页面中单击【生成式 AI】按钮⚙️。

03 在页面下方的【文字效果】区域的文本框中输入"街头涂鸦",完成之后单击【生成】按钮,如图 4.52 所示。

图 4.52　添加关键词

## 4.11.2　选择制作效果

01 在生成页面中的右侧文字区域双击,更改文字信息,如图 4.53 所示。

图 4.53　更改文字

**02** 在【自定义文本样式】中选择【松散】，如图 4.54 所示。

图 4.54　更改自定义文本样式

图 4.55　选择效果示例

**03** 在【效果示例】中单击【查看全部】，在出现的选项中选择【绘画】中的【狂野风格涂鸦】，如图 4.55 所示。

**04** 在【结果】中选择一款自己想要的涂鸦纹理，这样就完成了效果制作，最终效果如图 4.56 所示。

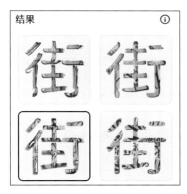

图 4.56　最终效果

# 4.12 生成牛仔风格字

　　牛仔是一种文化。本例中的牛仔风格字以牛仔面料纹理为表现形式，通过输入关键词可以生成漂亮的牛仔风格字。文字效果如图 4.57 所示。

## 西部牛仔

图 4.57　文字效果

**操作步骤**

### 4.12.1 添加关键词

01 在 Adobe Firefly 主页中单击【生成模板】区域，进入【Adobe Express】页面。

02 在跳转的【Adobe Express】页面中单击【生成式 AI】按钮。

03 在页面下方的【文字效果】区域的文本框中输入"西部牛仔"，完成之后单击【生成】按钮，如图 4.58 所示。

图 4.58　添加关键词

## 4.12.2 选择制作效果

**01** 在生成的页面中的右侧文字区域双击，更改文字信息，如图 4.59 所示。

图 4.59　更改文字

**02** 在【自定义文本样式】中选择【松散】，如图 4.60 所示。

图 4.60　更改自定义文本样式

**03** 将【风格】更改为【装饰】，如图 4.61 所示。

**04** 在【效果示例】中单击【查看全部】，在出现的选项中选择【材质】中的【蓝色刺绣】，如图 4.62 所示。

图 4.61　更改风格

图 4.62　选择效果示例

**05** 在【结果】中选择一款自己想要的牛仔纹理，这样就完成了效果制作，最终效果如图 4.63 所示。

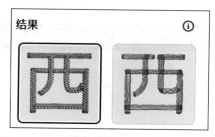

图 4.63　最终效果

## 4.13　生成精致刺绣文字

　　刺绣是针线在织物上绣制的各种装饰图案的总称。刺绣的形式有很多种，本例中的刺绣文字是一种最基本的表现形式。文字效果如图 4.64 所示。

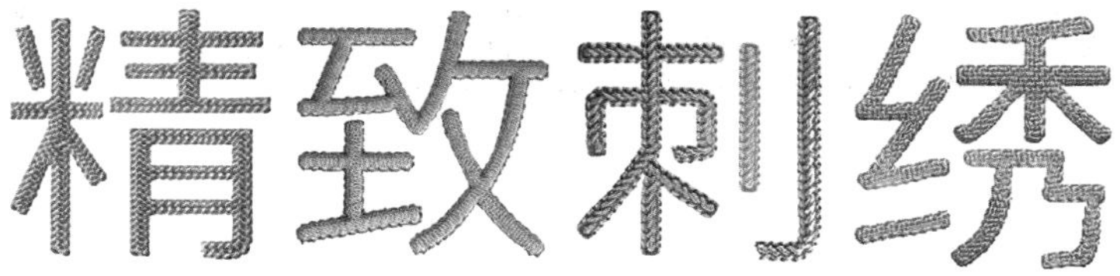

# 精致刺绣

图 4.64　文字效果

## 操作步骤

### 4.13.1　输入关键词

**01** 在 Adobe Firefly 主页中单击【生成模板】区域，进入【Adobe Express】页面。

**02** 在跳转的【Adobe Express】页面中单击【生成式 AI】按钮⚡。

**03** 在页面下方的【文字效果】区域的文本框中输入"精致刺绣"，完成之后单击【生成】按钮，如图 4.65 所示。

图 4.65　添加关键词

### 4.13.2　选择文本效果

**01** 在生成的页面中的右侧文字区域双击，更改文字信息，如图 4.66 所示。

图 4.66　更改文字

**02** 在【自定义文本样式】中选择【紧致】，如图 4.67 所示。

图 4.67　更改自定义文本样式

**03** 在【结果】中选择一款自己想要的刺绣纹理，这样就完成了效果制作，最终效果如图 4.68 所示。

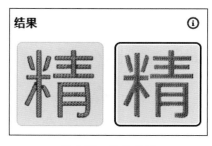

图 4.68　最终效果

图 4.68　最终效果（续）

## 4.14　打造绿叶纹理字

　　绿叶纹理以绿叶为基本的纹理元素，通过与树叶的结构相结合，组合成一个完整的文字轮廓。本例中的绿叶纹理字通过输入相对应的关键词，即可生成绿叶纹理字效果。文字效果如图 4.69 所示。

图 4.69　文字效果

操作步骤

### 4.14.1　打开生成页

**01** 在 Adobe Firefly 主页中单击【生成模板】区域，进入【Adobe Express】页面。

02 在跳转的【Adobe Express】页面中单击【生成式 AI】按钮 🔗。

03 在页面下方的【文字效果】区域的文本框中输入"绿叶纹理文字"，完成之后单击【生成】按钮，如图 4.70 所示。

图 4.70　添加关键词

### 4.14.2　选择制作效果

01 在生成的页面中的右侧文字区域双击，更改文字信息，如图 4.71 所示。

图 4.71　更改文字

**02** 在【自定义文本样式】中选择【松散】，如图 4.72 所示。

图 4.72　更改自定义文本样式

**03** 在【结果】中选择一款自己想要的绿叶纹理，这样就完成了效果制作，最终效果如图 4.73 所示。

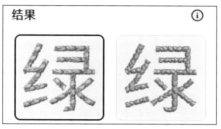

图 4.73　最终效果

# 第5章

# Firefly 扩展——
# Express 照片处理操作

## 本章介绍

　　本章讲解 Firefly 扩展——Express 照片处理操作。Express 照片处理功能简单易用，在这里用户可以根据自己的需求，在将想要处理的照片上传后，只需要简单的命令即可完成处理操作。本章列举了如转换图片为 JPG 格式、将图片转换为 SVG 格式、裁切图像以重新构图、调整图像大小、去除照片背景以及调整图像大小以适配手机屏幕等案例。通过对本章内容的学习，读者可以掌握 Express 照片处理操作的有关知识。

## 要点

- ★　学习转换图片为 JPG 格式
- ★　学会将图片转换为 SVG 格式
- ★　掌握裁切图像以重新构图
- ★　学会调整图像大小
- ★　学习去除照片背景
- ★　了解调整图像大小以适配手机屏幕

# 5.1 转换图片格式

**案例详解**

在 Adobe Express 中可以快速地对图像格式进行转换，比如本例中的将 PNG 格式的图像转换为 JPG 格式。整个操作过程非常简单，只需要成功上传图像，程序将自动转换图像格式。转换格式后的图像效果如图 5.1 所示。

图 5.1 转换格式后的图像效果

**操作步骤**

01 在 Adobe Express 首页中单击页面上方的【照片】图标，进入照片编辑页面。

02 在【照片快速操作】功能区域中单击【转换为 JPG】，打开【转换为 JPG】文件上传页面，如图 5.2 所示。

图 5.2 打开文件上传页面

图 5.2  打开文件上传页面（续）

**03** 在"打开"对话框中，选择"小狗 .png"文件，单击【打开】按钮，上传图像，如图 5.3 所示。

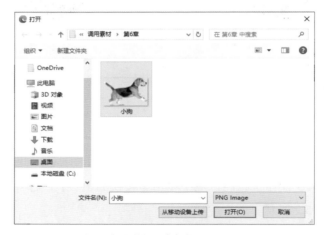

图 5.3  选择图像

**04** 图像上传之后单击【下载】按钮，即可将转换格式后的图像下载至本地。或者单击【在编辑器中打开】按钮，对图像进一步编辑处理，如调整图像中主体大小等操作。最终效果如图 5.4 所示。

图 5.4  最终效果

## 5.2 将图片转换为 SVG 格式

案例详解

SVG（scalable vector graphics，可缩放矢量图形）是一种描述二维图形的语言，包括矢量图形形状、图像和文本。SVG 文件可以无限放大或缩小而不会失去其清晰度和质量，在 Adobe Express 中可以将位图图像上传并转换为 SVG 格式。转换为 SVC 格式的图像效果如图 5.5 所示。

图 5.5　转换为 SVG 格式的图像效果

操作步骤

01 在 Adobe Express 首页中单击页面上方的【照片】图标，进入照片编辑页面。

02 在【照片快速操作】功能区域中单击【查看所有】，再选择【照片】分类中的【转换为 SVG】，即可打开 SVG 上传页面，如图 5.6 所示。

图 5.6　打开上传页面

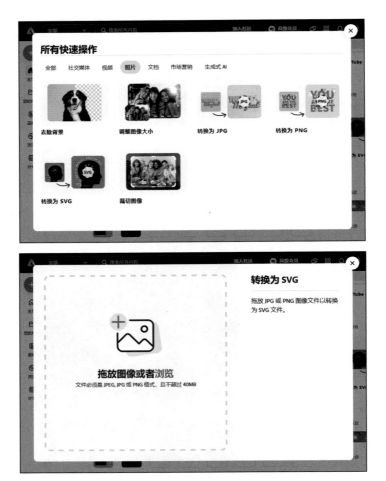

图 5.6 打开上传页面（续）

**03** 在"打开"对话框中，选择"水果 .jpg"文件，单击【打开】按钮，上传图像，如图 5.7 所示。

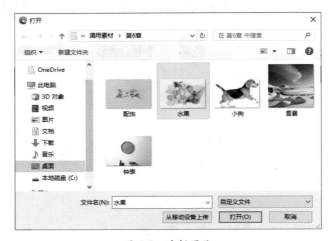

图 5.7 选择图像

**04** 图像上传成功之后将自动转换图片格式，这样即可完成图片格式转换操作。
单击【下载】按钮，可将转换格式后的图片格式下载至本地。最终效果如图 5.8 所示。

图 5.8　最终效果

# 5.3　裁切图像以重新构图

案例详解

有时候想要去除一张图片中不需要的部分，可以利用裁切图像进行重新构图。在
本例中将图像上传后，拖动裁切框可以快速将图像中不需要的部分裁切掉，仅保留想
要的部分。裁切后的图像效果如图 5.9 所示。

图 5.9　裁切后的图像效果

📝 操作步骤

**01** 在 Adobe Express 首页中单击页面上方的【照片】图标🖼️,进入照片编辑页面。

**02** 在【照片快速操作】功能区域中单击【查看所有】,在【照片】功能选项中单击
【裁切图像】,如图 5.10 所示。

图 5.10　选择图像

**03** 在打开的【裁切图像】页面中,选择"钟表 .jpg"文件,单击【打开】按钮,
上传图像,如图 5.11 所示。

**04** 上传成功之后通过拖动控制框,选择想要保留的图像区域,完成之后单击【下
载】按钮,即可将裁切后的图像下载至本地。最终效果如图 5.12 所示。

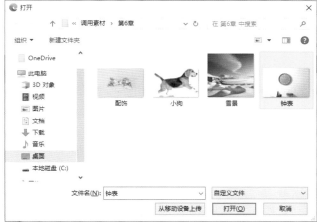

图 5.11　上传图像

图 5.12　最终效果

图 5.12　最终效果（续）

# 5.4　调整图像大小

 案例详解

图像过大会占据太多存储空间不利于保存，利用调整图像大小功能可以将图像缩小，还可以重新对其进行构图操作。调整大小后的图像效果如图 5.13 所示。

图 5.13　调整大小后的图像效果

📝 操作步骤

**01** 在 Adobe Express 首页中单击页面上方的【照片】图标，进入照片编辑页面。

**02** 在【照片快速操作】功能区域中单击【调整图像大小】，打开上传页面，如图 5.14 所示。

图 5.14　打开上传页面

**03** 在【打开】对话框中，选择"杂志 .png"文件，单击【打开】按钮，上传图像，如图 5.15 所示。

**04** 图像上传成功之后，在【调整大小以适合】中选择【自定义】，将【宽度】值更改为 500，将【高度】值更改为 500。

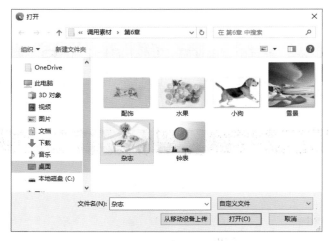

图 5.15 选择图像

05 完成之后单击【下载】按钮，即可将调整大小后的图像下载至本地。或者单击【在编辑器中打开】按钮，对图像进一步编辑处理，如调整图像中主体大小等操作。最终效果如图 5.16 所示。

图 5.16 最终效果

# 5.5　去除照片背景

## ★案例详解

去除照片背景不但可以在 Photoshop 中操作，还可以在 Adobe Express 中进行操作。在 Adobe Express 中，只需要上传照片，程序就会自动去除照片背景。去除背景后的图像效果如图 5.17 所示。

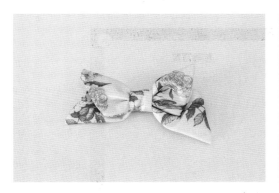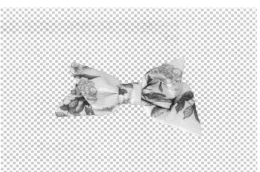

图 5.17　去除背景后的图像效果

## 操作步骤

### 5.5.1　打开移除背景页面

**01** 在 Adobe Express 首页中单击页面上方的【照片】图标⊗，进入照片编辑页面。

**02** 在【照片快速操作】功能区域中单击【去除背景】，打开【移除背景】页面中的上传页面，如图 5.18 所示。

### 5.5.2　移除图像背景

**01** 在【打开】对话框中选择"配饰 .jpg"文件，单击【打开】按钮，上传图像，如图 5.19 所示。

设计师的 AI 利器——Adobe Firefly

图 5.18 打开上传页面

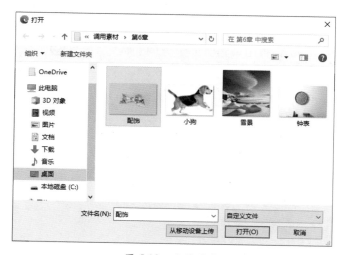

图 5.19 上传图像

**02** 图像上传成功之后，程序将自动去除图像中的背景，如图 5.20 所示。

图 5.20　上传图像并去除背景

**03** 完成之后单击【下载】按钮，即可将去除背景后的图像下载至本地。或者单击【在编辑器中打开】按钮，对图像进一步编辑处理，如调整图像中主体物体大小等操作。最终效果如图 5.21 所示。

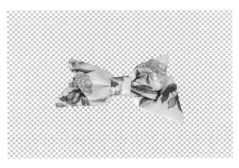

图 5.21　最终效果

# 5.6 调整图像大小以适配手机屏幕

📑★ 案例详解

　　有些图像的视觉效果相当出色，很适合用作电脑或者手机桌面壁纸，在 Adobe Express 中可以利用调整图像大小功能调整图像大小，使其完美适配手机屏幕。图像效果如图 5.22 所示。

图 5.22　图像效果

操作步骤

### 5.6.1　进入调整图像大小页面

　　**01** 在 Adobe Express 首页中单击页面上方的【照片】图标🔾，进入照片编辑页面。

　　**02** 在【照片快速操作】功能区域中单击【调整图像大小】，打开【调整图像大小】页面中的文件上传页面，如图 5.23 所示。

### 5.6.2　调整图像大小

　　**01** 在【打开】对话框中选择"雪景 .jpg"文件，单击【打开】按钮，上传图像，如图 5.24 所示。

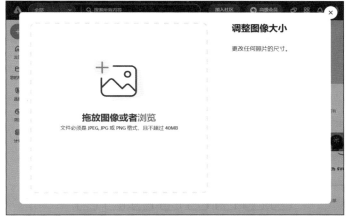

图 5.23　打开文件上传页面

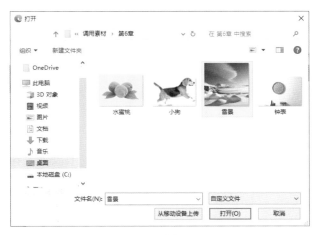

图 5.24　选择图像

02 在【调整大小以适合】选项中选择【标准】，如图 5.25 所示。

**03** 单击下方的 iPhone 预览图区域，如图 5.26 所示。

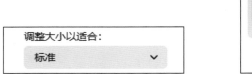

图 5.25　选择大小

图 5.26　单击预览图

**04** 在左侧图像预览区域左右拖动，更改构图，如图 5.27 所示。

图 5.27　更改构图

**05** 完成之后单击【下载】按钮，即可将调整大小后的图像下载至本地。或者单击【在编辑器中打开】按钮，对图像进一步编辑处理，如调整图像中主体物体大小等操作。最终效果如图 5.28 所示。

图 5.28　最终效果

第 **6** 章

# Firefly 扩展——
# Express 文档及模板生成

**本章介绍**

　　本章讲解 Firefly 扩展——Express 文档及模板
生成。Adobe 通过更新为 Express 添加了一项全新
的模板生成功能，在这里用户可以通过输入关键词快
速生成各类设计常用模板。本章列举了如生成音乐主
题宣传单、制作美食节海报、生成会员卡模板、将文
档转换为 PDF、对 PDF 文档进行编辑以及将 PDF
文档转换为图像等案例。通过对本章内容的学习，读
者可以掌握 Express 文档及模板生成的相关知识。

**本章重点**

- ★　学习生成音乐主题宣传单
- ★　学会制作美食节海报
- ★　掌握生成会员卡模板
- ★　学习将文档转换为 PDF
- ★　了解对 PDF 文档进行编辑
- ★　掌握将 PDF 文档转换为图像

## 6.1 生成音乐主题宣传单

Adobe Express 中内置了很多模板。本例所讲解的是如何生成音乐主题宣传单，在文字生成模板中输入指定文字信息和选项，生成宣传单后可以将其下载。图像效果如图 6.1 所示。

图 6.1　图像效果

操作步骤

**01** 在 Adobe Express 首页中单击页面上方的【生成式 AI】图标，进入生成式页面。

**02** 在页面下方的【文字生成模板】中的文本框中输入"音乐主题"关键词，然后单击【生成】按钮，如图 6.2 所示。

图 6.2　输入关键词

**03** 在出现的新页面中选择【宣传单】，再单击【生成】按钮，如图 6.3 所示。

图 6.3　选择生成项

**04** 选择想要的预览图，进入模板编辑页面。在当前页面中可以插入新的图片，并对文字内容进行编辑。完成之后单击页面右上角的【下载】按钮，即可将模板下载至本地，这样就完成了效果制作。最终效果如图 6.4 所示。

图 6.4　最终效果

# 6.2　制作美食节海报

　　海报是一种十分常见的广告宣传品。本例通过输入与海报有关的关键词，再选择

指定生成项，即可生成想要的海报图像，在海报生成之后还可以对其中内容进行进一步编辑操作，确定海报的主题。图像效果如图 6.5 所示。

图 6.5　图像效果

**操作步骤**

**01** 在 Adobe Express 首页中单击页面上方的【生成式 AI】图标，进入生成式页面。

**02** 在页面下方的【文字生成模板】中的文本框中输入"美食节"关键词，再单击【生成】按钮，如图 6.6 所示。

图 6.6　输入关键词

**03** 在出现的新页面中选择【海报】，单击【生成】按钮，如图 6.7 所示。

图 6.7　选择生成项

**04** 选择想要的预览图，进入模板编辑页面，在当前页面中可以插入新的图片，并对文字内容进行编辑。完成之后单击页面右上角的【下载】按钮，即可将模板下载至本地。这样就完成了效果制作，最终效果如图 6.8 所示。

图 6.8　最终效果

图 6.8　最终效果（续）

## 6.3　生成会员卡模板

**案例详解**

　　会员卡的生成操作与海报生成操作类似，只需要输入特定关键词即可生成会员卡图像，进入模板编辑页面可以对会员卡信息做进一步编辑。图像效果如图 6.9 所示。

图 6.9　图像效果

📝 操作步骤

**01** 在 Adobe Express 首页单击页面上方的【生成式 AI】图标 ⚡，进入生成式页面。

**02** 在页面下方的【文字生成模板】中的文本框中输入"会员卡"关键词，单击【生成】按钮，如图 6.10 所示。

图 6.10　输入关键词

**03** 在出现的新页面中选择【卡片】，在其后的文本框中输入"会员拥有超低折扣！"，再单击【生成】按钮，如图 6.11 所示。

图 6.11　选择生成项

**04** 选择想要的预览图，进入模板编辑页面。在当前页面中可以插入新的图片，并对文字内容进行编辑。完成之后单击页面右上角的【下载】按钮，即可将模板下载至本地。这样就完成了效果制作，最终效果如图 6.12 所示。

图 6.12　最终效果

# 6.4　将文档转换为 PDF

 案例详解

将普通文档格式转换为 PDF 可以方便存储文字，确保文件内容不会轻易丢失。在本例对文档进行转换的过程中，将文档上传成功之后，程序自动将文档转换为 PDF 格式。

✎ 操作步骤

**01** 在 Adobe Firefly 主页中单击【生成模板】，进入 Adobe Express 页面。

**02** 单击页面上方的【文档】🕒图标，进入文档处理页面。

**03** 在文档处理页面中可以看到【文档快速操作】，单击【转换为 PDF】，打开文件上传页，如图 6.13 所示。

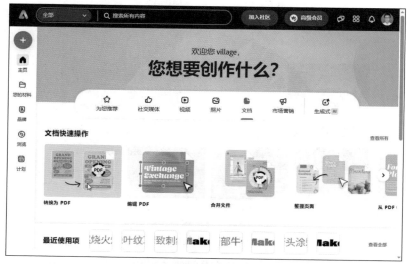

图 6.13　打开文件上传页

**04** 在【打开】对话框中选择"黄河 .docx"文件，单击【打开】按钮，上传文件，上传完成之后系统将自动创建 PDF 文件，如图 6.14 所示。

**05** 文件创建完成之后，单击【下载】按钮，即可将转换成功后的文件下载至本地。这样就完成了文件转换操作，最终效果如图 6.15 所示。

图 6.14 创建 PDF 文件

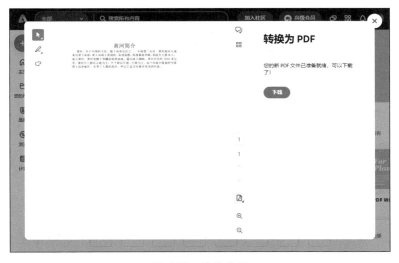

图 6.15 最终效果

# 6.5 对 PDF 文档进行编辑

**案例详解**

在编辑 PDF 文档时，除了可以用专业的 PDF 编辑软件之外，还可以在 Adobe Express 中对其进行编辑。只需要将 PDF 文档成功上传，即可在文档内进行文字处理、添加图片等操作。

**操作步骤**

## 6.5.1 上传文件

01 在 Adobe Express 首页中单击页面上方的【文档】图标，进入文档处理页面。

02 在文档处理页面中可以看到【文档快速操作】，单击【编辑 PDF】预览图，打开文件上传页，如图 6.16 所示。

03 在【打开】对话框中选择"水果 .pdf"文件，单击【打开】按钮，上传文件。上传成功后在当前页中将直接显示文档内容，如图 6.17 所示。

图 6.16 打开文件上传页

图 6.16　打开文件上传页（续）

图 6.17　上传 PDF 文档

### 6.5.2 编辑文字

**01** 单击【编辑文字和图片】页面左侧的文本图标 T₊，可增加或者减少文字，并对文字格式进行调整，如图 6.18 所示。

图 6.18 编辑文字

**02** 单击左侧的图像图标，可上传图像文件，并对图像进行缩放、旋转、替换等操作。

**03** 完成文本及图像的编辑操作之后，单击右上角的【下载】按钮，即可将编辑后的文档下载至本地，如图 6.19 所示。

图 6.19 最终效果

## 6.6　将 PDF 文档转换为图像

案例详解

将 PDF 文档转换为图像是 Adobe Express 的一项非常强大的功能，本例在将 PDF 文档成功上传之后，可以直接导出 JPG 格式的图片。图像效果如图 6.20 所示。

图 6.20　图像效果

操作步骤

### 6.6.1　上传文档

**01** 在 Adobe Express 首页中单击页面上方的【文档】图标🕒，进入文档处理页面。

**02** 在文档处理页面中可以看到【文档快速操作】，单击【从 PDF 转换】预览图，打开文件上传页，如图 6.21 所示。

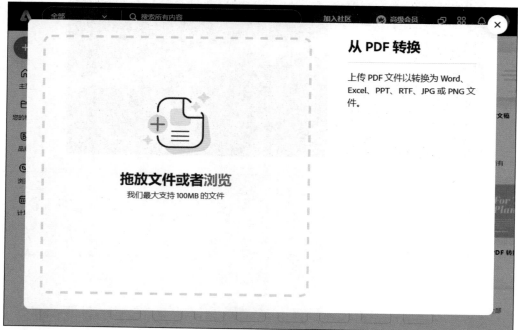

图 6.21 打开文件上传页

**03** 在【打开】对话框中选择"太阳 .pdf"文件,单击【打开】按钮,上传文件。上传成功后在当前页中将直接显示文档内容,如图 6.22 所示。

图 6.22　上传 PDF 文档

## 6.6.2　执行转换

**01** 在【将您的 PDF 转换为】下拉列表中选择 JPG 选项，如图 6.23 所示。

**02** 单击界面右上角的【下载】按钮，即可将转换后的图像下载至本地，如图 6.24 所示。

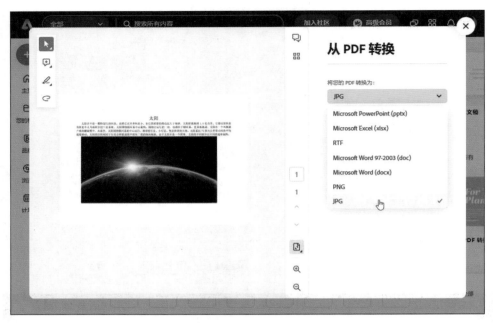

图 6.23  更改选项

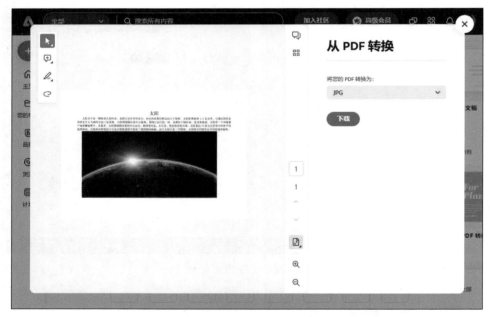

图 6.24  最终效果

# 第 **7** 章

# Firefly 在 Photoshop AI 中的特效应用

本章介绍

本章讲解 Firefly 在 Photoshop AI 中的特效应用。本章从大量的实例中挑选并讲解了 Firefly 在 Photoshop AI 中的特效应用的有关知识，包括从基本的更换背景到修整视角，以及更换图像中的元素等，本章的内容全面且具有很高的实用价值。本章列举了如为热气球更换大海背景、为轮船更换背景、替换成美丽夜景、为城堡建筑创建山景、回归自然风景效果以及修整画面视角等相关案例。通过对本章的学习，读者可以掌握 Firefly 在 Photoshop AI 中的特效应用的相关知识。

本章重点

★ 学习为热气球更换大海背景
★ 学会为轮船更换背景
★ 掌握替换成美丽夜景
★ 学习为城堡建筑创建山景
★ 了解回归自然风景效果
★ 掌握修整画面视角

## 7.1　为热气球更换大海背景

**案例详解**

　　本例是一个非常典型的更换背景操作实例，在 Photoshop 中打开图像并利用选择主体功能将背景区域选中，再输入关键词即可更换大海背景。更换背景前后的图像对比效果如图 7.1 所示。

图 7.1　更换背景前后的图像对比效果

**操作步骤**

　　**01** 打开 Photoshop，执行菜单栏中的【文件】|【打开】命令，在弹出的对话框中找到"热气球 .jpg"文件，单击【打开】按钮。

　　**02** 单击底部属性栏上的 选择主体 按钮，将图像中主体图像选中，如图 7.2 所示。

　　**03** 单击底部属性栏中的【反相选区】图标，将选区反向选择，如图 7.3 所示。

图 7.2　选中主体图像　　　　　　　　　　图 7.3　反向选择

执行菜单栏中的【选择】|【反选】命令，同样可以反选。

**04** 单击底部属性栏中的 <kbd>↻ 创成式填充</kbd> 按钮，在出现的文本框中输入"夕阳下的平静大海"，完成之后单击【生成】按钮，效果如图 7.4 所示。

图 7.4 生成新的图像

用户只有登录 Adobe 账户后才可以使用【创成式填充】功能。

**05** 通过单击属性栏中的 › 图标，可查看另外两个新的图像效果，这样就完成了更换背景的操作，如图 7.5 所示。

图 7.5 查看另外的图像效果及最终效果

当生成新的图像之后，在【属性】面板中可以更改文字信息及选择想要的图像效果。

# 7.2  为轮船更换背景

### 案例详解

本例中的更换背景操作与上例更换背景的操作类似，只需要选中图像中的主体元素并将选区反向选择，然后输入关键词即可更换背景。更换背景前后的图像对比效果如图 7.6 所示。

图 7.6　更换背景前后的图像对比效果

### 操作步骤

**01** 执行菜单栏中的【文件】|【打开】命令，在弹出的对话框中选择"大海轮船 .jpg"文件，单击【打开】按钮。

**02** 单击底部属性栏上的 选择主体 按钮，将图像中主体图像选中，如图 7.7 所示。

图 7.7　选中主体图像

**03** 选择工具箱中的【多边形套索工具】🔗，按住 Shift 键在轮船底部绘制选区，将部分图像添加至选区，如图 7.8 所示。

图 7.8 添加至选区

**04** 单击底部属性栏中的【反相选区】图标 🔳，将选区反向选择，如图 7.9 所示。

**05** 单击底部属性栏中的 🔲 创成式填充 按钮，在出现的文本框中输入"阳光下的大海，天空有海鸥飞过"，完成之后单击【生成】按钮，效果如图 7.10 所示。

图 7.9 将选区反向选择

图 7.10 生成新的图像

**06** 通过单击属性栏中的 > 图标，可查看另外两个新的图像效果，这样即可完成更换背景操作，如图 7.11 所示。

图 7.11 最终效果

# 7.3 替换成美丽夜景

所有的更换或者替换背景的操作几乎都是相同的，区别在于对部分主体图像需要利用其他选区工具进行调整，以便使替换的效果更加精准。替换前后的图像对比效果如图 7.12 所示。

图 7.12 替换前后的图像对比效果

操作步骤

**01** 执行菜单栏中的【文件】|【打开】命令，在弹出的对话框中选择"歌剧院 .jpg"文件，单击【打开】按钮。

**02** 单击底部属性栏上的 选择主体 按钮，将图像中主体图像选中，如图 7.13 所示。

**03** 选择工具箱中的【多边形套索工具】 ，按住 Shift 键在图像中绘制选区，将部分图像添加至选区中，如图 7.14 所示。

图 7.13 选中主体图像 　　　　　图 7.14 添加至选区中

**04** 单击底部属性栏中的【反相选区】图标，将选区反向选择，如图 7.15 所示。

**05** 单击底部属性栏中的 创成式填充 按钮，在出现的文本框中输入"美丽夜景"，完成之后单击【生成】按钮，效果如图 7.16 所示。

图 7.15　将选区反向选择　　　　　　　图 7.16　生成新的图像

**06** 通过单击属性栏中的 ＞ 图标，可查看另外两个新的图像效果，这样即可完成替换背景操作，如图 7.17 所示。

图 7.17　最终效果

# 7.4　为城堡建筑创建山景

 案例详解

　　本例中的创建山景效果在操作过程中需要将城堡图像完整选中，再利用关键词生成全新的山景效果，即可完成效果制作。创建山景前后的图像对比效果如图 7.18 所示。

图 7.18　创建山景前后的图像对比效果

**操作步骤**

**01** 执行菜单栏中的【文件】|【打开】命令，在弹出的对话框中选择"城堡 .jpg"文件，单击【打开】按钮。

**02** 单击底部属性栏上的 选择主体 按钮，将图像中主体图像选中，如图 7.19 所示。

**03** 选择工具箱中的【套索工具】，按住 Shift 键在图像中的右侧区域将部分图像添加至选区，如图 7.20 所示。

图 7.19　选中主体图像

图 7.20　添加至选区

**04** 单击底部属性栏中的【反相选区】图标，将选区反向选择，如图 7.21 所示。

图 7.21　将选区反向选择

**05** 单击底部属性栏中的  按钮，在出现的文本框中输入"绿色的群山，晴朗的天空"，完成之后单击【生成】按钮，效果如图 7.22 所示。

图 7.22　生成新的图像

**06** 通过单击属性栏中的 ＞图标，可查看另外两个新的图像效果，这样即可完成为城堡建筑创建山景的操作，如图 7.23 所示。

图 7.23　最终效果

## 7.5　回归自然风景效果

★ 案例详解

　　本例中的回归自然风景效果就是将风景中不必要的元素去除。在去除图像元素的操作中，首先利用选区工具将想要去除的元素选中，再单击【生成】按钮即可完成去除操作。图像去除元素前后对比效果如图 7.24 所示。

图 7.24　图像去除元素前后对比效果

📝 操作步骤

**01** 执行菜单栏中的【文件】|【打开】命令，在弹出的对话框中选择"森林 .jpg"文件，单击【打开】按钮。

**02** 选择工具箱中的【套索工具】🔗，在图像中的建筑周围绘制一个不规则选区，将其选中，如图 7.25 所示。

**03** 单击底部属性栏中的  按钮，在出现的文本框右侧单击【生成】按钮，这样就完成了去除建筑元素的操作，最终效果如图 7.26 所示。

图 7.25　选中建筑图像　　　　　　　　　　图 7.26　最终效果

# 7.6　扩展山脉图像

📄 案例详解

本例中的原图比例接近 4 ∶ 3，对于这种宏观类的图像来说，可以通过扩展图像

以达到接近 16：9 的比例，实现更加壮丽的视觉效果。图像扩展前后对比效果如图 7.27
所示。

图 7.27　图像扩展前后对比效果

✎ 操作步骤

**01** 执行菜单栏中的【文件】|【打开】命令，在弹出的对话框中选择"山脉 .jpg"
文件，单击【打开】按钮，打开文件，如图 7.28 所示。

**02** 选择工具箱中的【裁剪工具】🔲，分别向左侧及右侧拖动裁剪框控制点，如图 7.29
所示。

图 7.28　打开图像　　　　　　　　　　图 7.29　拖动控制点

> **技巧**
>
> 　按住 Alt 键拖动控制点，可左右或者上下等比放大裁剪框。

**03** 拖动控制框完成之后按 Enter 键确认，系统将自动补全图像中扩充的部分，这
样就完成了扩展照片的操作，最终效果如图 7.30 所示。

图 7.30　最终效果

提示

单击底部属性栏上的【生成】按钮，也可以执行扩展图像操作。

## 7.7　修整画面视角

案例详解

本例中的画面视角由于拍摄的原因，右侧明显缺少了部分元素，可以利用裁剪工具扩展图像，补充缺少的部分，使整个画面视觉效果更加出色。图像修整前后对比效果如图 7.31 所示。

图 7.31　图像修整前后对比效果

操作步骤

01 执行菜单栏中的【文件】|【打开】命令，在弹出的对话框中选择"城市河流 .jpg"

文件，单击【打开】按钮，打开文件，如图 7.32 所示。

图 7.32　打开图像

**02** 选择工具箱中的【裁剪工具】**⌗**，向右侧拖动裁剪框控制点，如图 7.33 所示。

图 7.33　拖动控制点

**03** 拖动控制框完成之后按 Enter 键确认，系统将自动补全图像中缺失的部分，这样就完成了扩展照片的操作，最终效果如图 7.34 所示。

图 7.34　最终效果

# 7.8 去除画面中部分元素

## ★ 案例详解

去除画面中部分元素的操作非常实用，操作方法也很简单，在不需要的区域绘制选区，再单击【生成】按钮，就可将部分元素去除。图像去除部分元素前后对比效果如图 7.35 所示。

图 7.35　图像去除部分元素前后对比效果

## 操作步骤

**01** 执行菜单栏中的【文件】|【打开】命令，在弹出的对话框中选择"森林中飞机 .jpg"文件，单击【打开】按钮。

**02** 选择工具箱中的【套索工具】♀，在图像中飞机周围绘制一个不规则选区，将其选中，如图 7.36 所示。

图 7.36　选中飞机图像

**03** 单击底部属性栏中的 `创成式填充` 按钮，在出现的文本框中输入"去除"，完成之后单击【生成】按钮。这样就完成了去除部分元素的操作，最终效果如图 7.37 所示。

图 7.37　最终效果

# 7.9 将图像中鞋子更改为花盆

★ 案例详解

本例中原图鞋子与花瓶的结合给人一种商品展示的视觉效果，通过绘制选区，选取鞋子图像，再输入"一个花盆"关键词，即可将鞋子更改为花盆。图像更改前后对比效果如图 7.38 所示。

图 7.38　图像更改前后对比效果

操作步骤

**01** 执行菜单栏中的【文件】|【打开】命令，在弹出的对话框中选择"鞋子 .jpg"

文件，单击【打开】按钮。

02 选择工具箱中的【多边形套索工具】 ⧖ ，在鞋子周围绘制一个不规则选区，将鞋子图像选中，如图 7.39 所示。

03 单击底部属性栏中的  按钮，在出现的文本框中输入"一个花盆"，完成之后单击【生成】按钮，效果如图 7.40 所示。

图 7.39　选中鞋子图像　　　　　　　　图 7.40　生成新的图像

04 通过单击属性栏中的 ＞图标，可查看另外两个新的图像效果，这样即可完成更改图像的操作，如图 7.41 所示。

图 7.41　最终效果

# 7.10　为人像更换风景

📇★ 案例详解

　　本例中的原图是三个人在看山间风景的照片，通过选择主体并执行选区反向命令

来选中背景区域，再输入相应关键词，即可将其更换为看大海的效果。图像更换风景
前后对比效果如图 7.42 所示。

图 7.42 图像更换风景前后对比效果

**操作步骤**

**01** 执行菜单栏中的【文件】|【打开】命令，在弹出的对话框中选择"人物 .jpg"
文件，单击【打开】按钮。

**02** 单击底部属性栏上的 选择主体 按钮，将图像中主体元素选中，如图 7.43 所示。

**03** 选择工具箱中的【快速选择工具】，按住 Alt 键在图像中的部分区域单击，
将部分图像从选区中减去，如图 7.44 所示。

图 7.43 选中主体元素　　　　图 7.44 将部分图像从选区中减去

**04** 单击底部属性栏中的【反相选区】图标，将选区反向选择，如图 7.45 所示。

**05** 单击底部属性栏中的 创成式填充 按钮，在出现的文本框中输入"大海"，完成之
后单击【生成】按钮，效果如图 7.46 所示。

**06** 通过单击属性栏中的 > 图标，可查看另外两个新的图像效果，这样即可完成为
人像更换风景的操作，如图 7.47 所示。

图 7.45　反向选择

图 7.46　生成新的图像

图 7.47　最终效果

提示

　　当生成新的图像之后，在【属性】面板中可以更改文字信息并选择想要的图像效果。

# 7.11　去除沙漠中的人物元素

 案例详解

　　本例中的沙漠图像非常漂亮，干净的沙漠与纯净的天空相结合，整个画面构图及色彩非常协调。在去除人物的操作过程中，只需要选中人物即可直接执行去除操作，程序将自动计算人物周围图像并将其所在的图像替换为沙漠。图像去除人物元素前后对比效果如图 7.48 所示。

图 7.48 图像去除人物元素前后对比效果

操作步骤

**01** 执行菜单栏中的【文件】|【打开】命令，在弹出的对话框中打开"沙漠中的人物 .jpg"文件，单击【打开】按钮。

**02** 选择工具箱中的【套索工具】 ⟨⟩，在图像中人物周围绘制一个不规则选区，将其选中，如图 7.49 所示。

图 7.49 选中人物图像

提示

在选中人物图像的时候需要注意将投影部分也选中。

**03** 单击底部属性栏中的 ⓒ 创成式填充 按钮，在出现的文本框右侧单击【生成】按钮，这样就完成了去除人物元素的操作，最终效果如图 7.50 所示。

图 7.50 最终效果

## 7.12 为人物换个场景

 案例详解

本例中的原图是一个正在跳水的人，将人物元素选取并执行反向选择，再将背景区域选中后输入关键词，即可为人物更换一个漂亮的泳池场景。图像换场景前后对比效果如图 7.51 所示。

图 7.51 图像换场景前后对比效果

操作步骤

**01** 执行菜单栏中的【文件】|【打开】命令，在弹出的对话框中选择"跳水 .jpg"文件，单击【打开】按钮。

**02** 单击底部属性栏上的 选择主体 按钮，将图像中主体元素选中，如图 7.52 所示。

图 7.52　选中主体元素

**03** 单击底部属性栏中的【反相选区】图标，将选区反向选择，如图 7.53 所示。

图 7.53　反向选择

**04** 单击底部属性栏中的 创成式填充 按钮，在出现的文本框中输入"游泳池"，完成之后单击【生成】按钮，效果如图 7.54 所示。

图 7.54　生成新的图像

**05** 通过单击属性栏中的 ❯ 图标，可查看另外两个新的图像效果，这样即可完成为人物更换场景的操作，如图 7.55 所示。

图 7.55　最终效果

## 7.13　制作母爱亲情图像

**📖★ 案例详解**

　　本例中的原图是母亲与宝宝互动的温馨场景，通过选中人物图像并将选区反向选择，然后输入特定的花朵关键词，即可生成全新的图像效果，制作出美丽的亲情图像效果。图像更换温馨场景前后对比效果如图 7.56 所示。

图 7.56　图像更换温馨场景前后对比效果

**✎ 操作步骤**

**01** 执行菜单栏中的【文件】|【打开】命令，在弹出的对话框中选择"母爱 .jpg"

文件，单击【打开】按钮。

02 单击底部属性栏中的 选择主体 按钮，将图像中的主体元素选中，如图 7.57 所示。

图 7.57　选中主体元素

03 单击底部属性栏中的【反相选区】图标，将选区反向选择，如图 7.58 所示。

图 7.58　反向选择

04 单击底部属性栏中的 创成式填充 按钮，在出现的文本框中输入"康乃馨"，完成之后单击【生成】按钮，效果如图 7.59 所示。

图 7.59　生成新的图像

**05** 通过单击属性栏中的 ✉ 图标，可查看另外两个新的图像效果，这样即可完成更换背景操作，如图 7.60 所示。

图 7.60　最终效果

## 7.14　打造富有生机的场景

 案例详解

本例中的场景效果制作过程非常简单，只需要选中背景区域，并输入"阳光下的晴朗天空"关键词，即可生成全新的富有生机和希望的场景效果。图像更换富有生机的场景前后对比效果如图 7.61 所示。

图 7.61　图像更换富有生机的场景前后对比效果

✎ 操作步骤

**01** 执行菜单栏中的【文件】|【打开】命令，在弹出的对话框中选择"向日葵 .jpg"文件，单击【打开】按钮。

**02** 选择工具箱中的【快速选择工具】 ，在图像中的天空区域涂抹，选取天空区域，如图 7.62 所示。

**03** 单击底部属性栏中的  按钮，在出现的文本框中输入"阳光下的晴朗天空"，完成之后单击【生成】按钮，效果如图 7.63 所示。

图 7.62　选中天空区域　　　　　　图 7.63　生成新的图像

**04** 通过单击属性栏中的 图标，可查看另外两个新的图像效果，这样即可完成更换场景的操作，如图 7.64 所示。

图 7.64　最终效果

## 7.15　打造老电影色调

**案例详解**

　　本例中打造的老电影色调质感出色，在制作过程中选用一幅海边的照片作为主体元素，木船的造型也带有复古意味，与老电影色调相搭配，整体图像的色调经过变化之后非常出色。图像变换老电影色调前后对比效果如图 7.65 所示。

图 7.65　图像变换老电影色调前后对比效果

**操作步骤**

**01** 执行菜单栏中的【文件】|【打开】命令，在弹出的对话框中选择"海边木船 .jpg"文件，单击【打开】按钮。

**02** 单击底部属性栏上的【创建新的调整图层】图标◑，在打开的【调整】面板中，选择【调整预设】中的第 2 个【柔和棕褐色】选项，这样即可完成老电影色调调整，最终效果如图 7.66 所示。

图 7.66　最终效果

# 7.16　将照片转换为黑白色

**案例详解**

图像的黑白效果制作比较简单，本例中利用调整预设可以直接将多彩的图像转换为黑白色效果。图像转换为黑白色前后对比效果如图 7.67 所示。

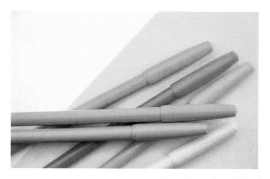

图 7.67　图像转换为黑白色前后对比效果

 操作步骤

01 执行菜单栏中的【文件】|【打开】命令，在弹出的对话框中选择"蜡笔 .jpg"文件，单击【打开】按钮。

02 单击底部属性栏上的【创建新的调整图层】图标◑，在打开的【调整】面板中，选择【调整预设】中的【黑色】选项组中的第 2 个【浑厚】选项，这样即可完成黑白色调调整，最终效果如图 7.68 所示。

图 7.68　最终效果

# 7.17　为照片调出暖色调

⊡★ 案例详解

本例中的原图是一些自然的静物元素，光线柔和，通过添加调整预设中的效果可以生成暖色调效果。图像转换为暖色调前后对比效果如图 7.69 所示。

图 7.69　图像转换为暖色调前后对比效果

📝 操作步骤

**01** 执行菜单栏中的【文件】|【打开】命令，在弹出的对话框中选择"静物 .jpg"文件，单击【打开】按钮。

**02** 单击底部属性栏上的【创建新的调整图层】图标◑，在打开的【调整】面板中，单击【调整预设】中的【更多】，再展开【照片修复】选项组，选择【强对比度】选项，这样即可完成暖色调调整，最终效果如图 7.70 所示。

图 7.70　最终效果

## 7.18　打造凸显主体色调照片

📄 案例详解

本例中的色调调整效果对图像的选取要求比较高，通过选取前后对比明显的动物图像作为原图，为其添加特定的颜色预设，即可调出凸显主体色调的照片效果。图像更改为凸显主体色调前后对比效果如图 7.71 所示。

图 7.71　图像更改为凸显主体色调前后对比效果

操作步骤

**01** 执行菜单栏中的【文件】|【打开】命令，在弹出的对话框中选择"小猫 .jpg"文件，单击【打开】按钮。

**02** 单击底部属性栏上的【创建新的调整图层】图标⬤，在打开的【调整】面板中，单击【调整预设】中的【更多】，再展开【照片修复】选项组，选择【深褐】选项，这样即可完成色调效果调整，最终效果如图 7.72 所示。

图 7.72　最终效果

**提示**

单击相应的颜色选项多次，可重复叠加颜色效果。

# 7.19 调出逆光运动感照片

## ★ 案例详解

本例中的原图非常明亮，整体的场景比较大气，通过选择预设，可以降低图像亮度，经过调整可以强调照片的运动感。图像转换为逆光运动感前后对比效果如图 7.73 所示。

图 7.73　图像转换为逆光运动感前后对比效果

## 操作步骤

**01** 执行菜单栏中的【文件】|【打开】命令，在弹出的对话框中选择"跑车 .jpg"文件，单击【打开】按钮。

**02** 单击底部属性栏上的【创建新的调整图层】 ◐ 图标，在打开的【调整】面板中，单击【调整预设】中的【更多】，再展开【创意】选项组，选择【暗色渐隐】选项，这样即可完成效果调整，最终效果如图 7.74 所示。

图 7.74　最终效果